3ds Max案例教程

主　编　李　嵩　谢毅松

副主编　曾远锋　封桂炎　李作堂

主　审　关菲明

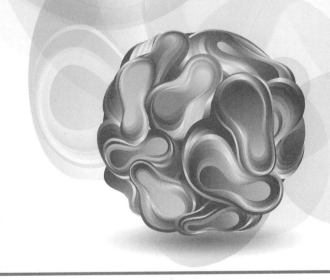

北京理工大学出版社

BEIJING INSTITUTE OF TECHNOLOGY PRESS

内 容 简 介

本书分为初级、中级、高级三个模块,通过17个兼具实用性和趣味性的案例,介绍了3ds Max 2014的基本使用方法和操作技巧。初级模块重在培养学生掌握3ds Max 2014软件的基本使用方法,中级模块重在培养学生的操作技巧,高级模块重在培养学生的综合操作能力。

本书既可作为计算机动漫与游戏制作专业及计算机相关专业的教材,也可作为相关培训教材和三维动画爱好者的自学参考书。

版权专有 侵权必究

图书在版编目(CIP)数据

3ds Max案例教程 / 李嵩,谢毅松主编.—北京:北京理工大学出版社,2017.6
ISBN 978-7-5682-4130-4

Ⅰ.①3… Ⅱ.①李… ②谢… Ⅲ.①三维动画软件—教材 Ⅳ.①TP391.414

中国版本图书馆CIP数据核字(2017)第123474号

出版发行 / 北京理工大学出版社有限责任公司
社　　址 / 北京市海淀区中关村南大街5号
邮　　编 / 100081
电　　话 / (010)68914775(总编室)
　　　　　 (010)82562903(教材售后服务热线)
　　　　　 (010)68948351(其他图书服务热线)
网　　址 / http://www.bitpress.com.cn
经　　销 / 全国各地新华书店
印　　刷 / 北京紫瑞利印刷有限公司
开　　本 / 787毫米×1092毫米　1/16
印　　张 / 16　　　　　　　　　　　　　　　　责任编辑 / 钟　博
字　　数 / 381千字　　　　　　　　　　　　　　文案编辑 / 钟　博
版　　次 / 2017年6月第1版　2017年6月第1次印刷　责任校对 / 周瑞红
定　　价 / 75.00元　　　　　　　　　　　　　　责任印制 / 边心超

3ds Max 2014中文版是制作三维动画的专业软件，在效果图设计、动漫、影视、多媒体、游戏制作、广告等行业有着广泛的应用。

本书是根据计算机动漫与游戏制作专业教学的实际情况，由具有丰富实践经验的一线教师共同编写而成的。

本书通过大量的案例讲解，分为初级模块、中级模块和高级模块三个阶段，系统地介绍了使用3ds Max软件在计算机上快速创建3D模型、进行动画制作的操作方法和技巧，其内容主要包括对象的使用、基础建模、模型的修改编辑、高级建模、材质与贴图、布置场景灯光效果等。

本书在内容设计上，以应用为基础、以实战为目的，在内容编排上遵循由浅入深、理论联系实际的原则，所选案例都是针对特定的功能和使用技巧而设计，具有代表性，如制作学校大门模型及学校校训石模型等，可操作性强，具有较强的实践性。

本书语言简洁、图示详细，每一个操作步骤都配有图示，使学习者能够通过图示掌握操作技能，达到无师自通的目的。

本书由广西交通技师学院李嵩、谢毅松老师任主编，曾远锋、封桂炎、李作堂任副主编，关菲明任主审。参与编写的人员有王宁霞、凌雪莹、陆剑、刘婷、徐文芽、邓翀、农国栋、杨阳、罗玉琴、梁勇、罗莹莹、李毅等老师。

由于编写时间及水平有限，书中难免存在一些疏漏和不足，希望广大读者批评指正。

编　者

Contents 目 录

初级模块

中级模块

高级模块

初级模块

一、实训目的

本案例通过创建一个box模型，教会学生：

（1）创建和编辑长方体；

（2）根据绘制需要，利用二维曲线绘制出闭合的单面造型；

（3）使用"挤出"修改器处理选中的对象。

二、制作思路

绘制不规则的多边形有两种方法，第一种是直接利用多个长方体进行堆叠；第二种是利用二维曲线绘制出多边形的一个横截面，再用"挤出"修改器，完成多边形的制作。

三、操作步骤

1. 方法一

步骤1：启动3ds Max 2014软件，创建一个新的场景文件，在顶视图中，在命令面板标签栏中依次单击"创建"按钮、"几何体"按钮，切换到"几何体"面板，单击"标准基本体"分类中的"长方体"按钮，从顶视图的坐标原点处按住鼠标左键向外拖动，绘制出一个长方形后松开鼠标，再向上方移动鼠标左键，单击后即可绘制出一个长方体，如图1-1-1所示。

步骤2：在透视视图中，选中长方体，单击"修改"按钮，在"修改"面板中，可以对长方体的长度、宽度、高度进行设置，如图1-1-2所示。

"几何体"按钮　　"创建"按钮

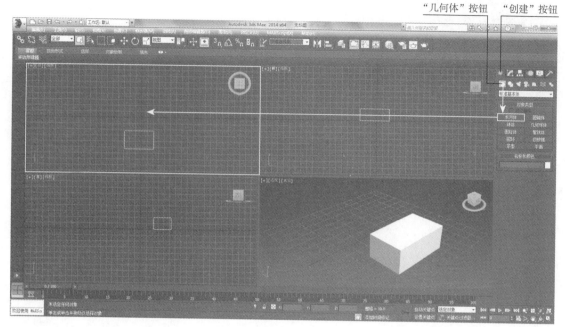

图1-1-1

设置分段　修改长宽　修改颜色　"修改"按钮

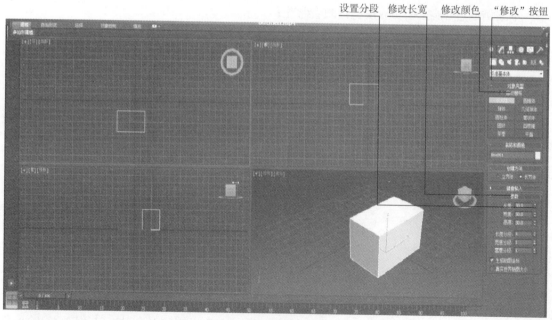

图1-1-2

步骤3：在顶视图中，在命令面板标签栏中依次单击"创建"按钮、"几何体"按钮，切换到"几何体"面板，单击"标准基本体"分类中的"长方体"按钮，从顶视图的坐标原点处按住鼠标左键向外拖动，绘制出一个长方形后松开鼠标左键，再向上方移动鼠标，单击后即可绘制出第二个长方体，如图1-1-3所示。

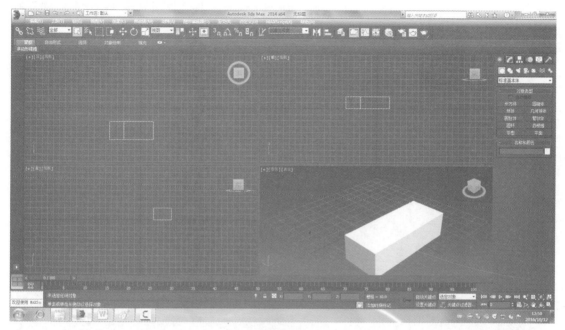

图1-1-3

步骤4：在顶视图中，按照步骤3再绘制出第三个长方体，堆叠成一个多边形，如图1-1-4所示。

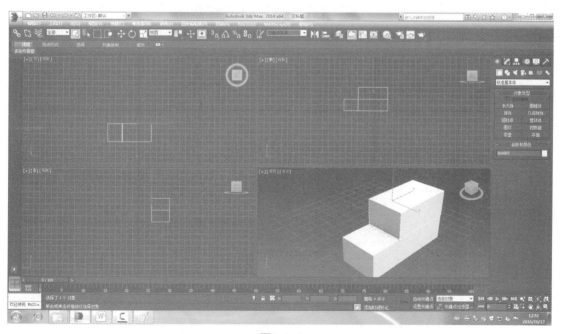

图1-1-4

2. 方法二

步骤1：启动3ds Max 2014软件，创建一个新的场景文件，在前视图中，在命令面板标签栏中依次单击"创建"按钮、"样条线"按钮，单击"对象类型"卷展栏中的"线"按钮，在前视图中绘制一条直线，如图1-1-5所示。

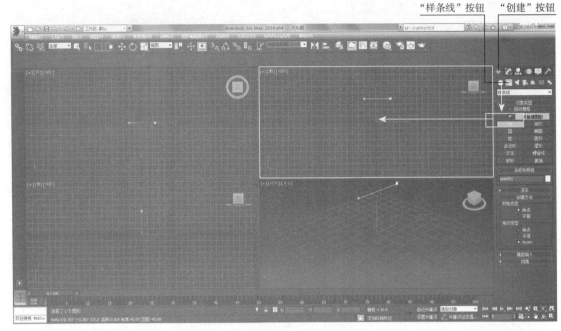

图1-1-5

步骤2：在前视图中，绘制出图像的横截面，如图1-1-6所示。

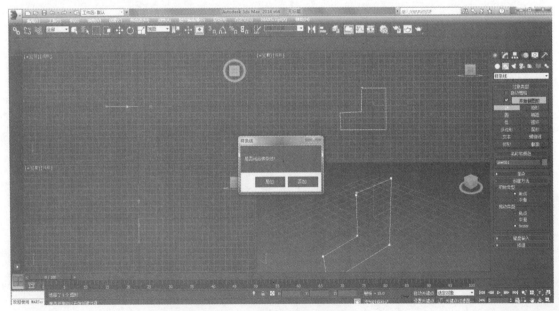

图1-1-6

步骤3：在前视图中，选中图形单击鼠标右键，在弹出的快捷菜单中选择"转换为"→"转换为可编辑样条线"命令，如图1-1-7所示。

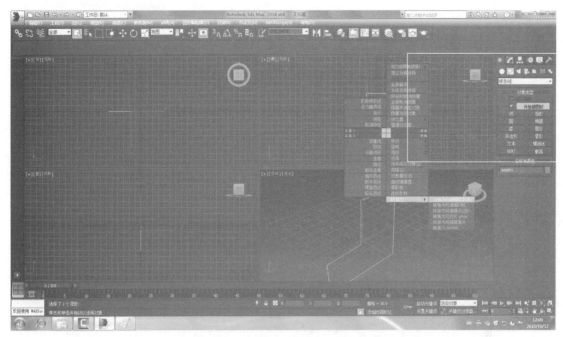

图1-1-7

　　步骤4： 在"修改器列表"中选择"挤出"命令，如图1-1-8所示。

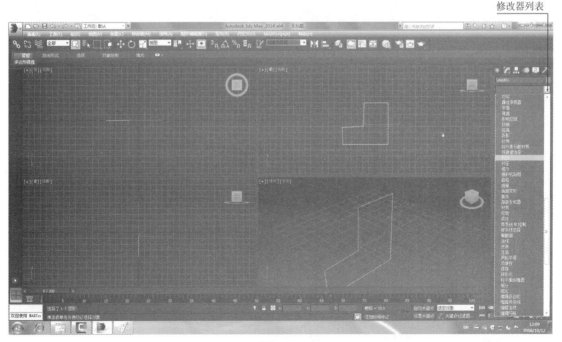

图1-1-8

　　步骤5： 在"参数"卷展栏中修改"数量"的参数，如图1-1-9所示。

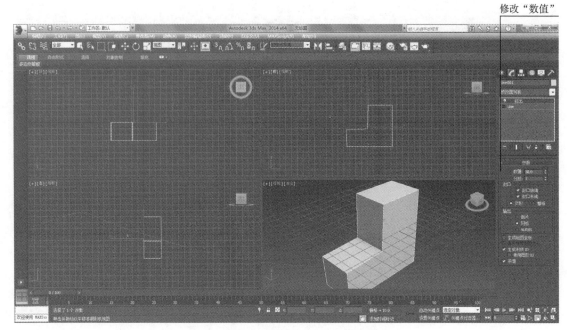

图1-1-9

初级案例二：
制作手电筒模型

一、实训目的

本案例通过制作简易手电筒，教会学生：
（1）创建和编辑圆柱体；
（2）根据操作需要，熟练切换、更新视图，调整视图显示比例；
（3）灵活选择、移动、旋转、缩放对象；
（4）使用"挤出"和"插入"修改器处理选中的对象。

二、制作思路

制建简易手电筒时，首先利用"圆柱体"按钮创建手电筒的主体，然后对圆柱体顶面进行"挤出""缩放"和"插入"操作，完成手电筒的制作。

三、操作步骤

步骤1：启动3ds Max 2014软件，创建一个新的场景文件，在顶视图中，在命令面板标签栏中依次单击"创建"按钮、"几何体"按钮，切换到"几何体"面板，单击"标准基本体"分类中的"圆柱体"按钮，从顶视图的坐标原点处按住鼠标左键向外拖动，绘制出一个圆形后松开鼠标左键，再向上方移动鼠标，单击后即可绘制出一个圆柱体，如图1-2-1所示。

步骤2：在透视视图中，单击选中圆柱体，单击"修改"按钮，在"修改"面板中，可以对圆柱体的颜色、半径、高度进行设置，将"高度分段"设置为1，如图1-2-2所示。

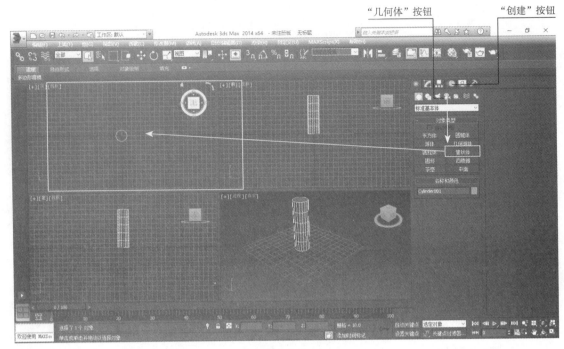

图1-2-1

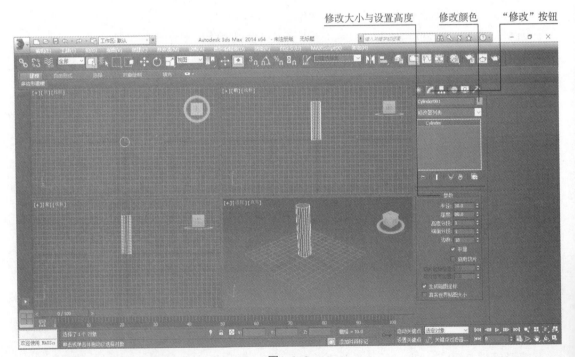

图1-2-2

步骤3：用鼠标右键单击圆柱体，在弹出的快捷菜单中选择"转换为"→"转换为可编辑多边形"命令，如图1-2-3所示。

步骤4：选择"多边形"对象后，在透视图中选中圆柱体的顶面，如图1-2-4所示。

用鼠标右键单击圆柱体

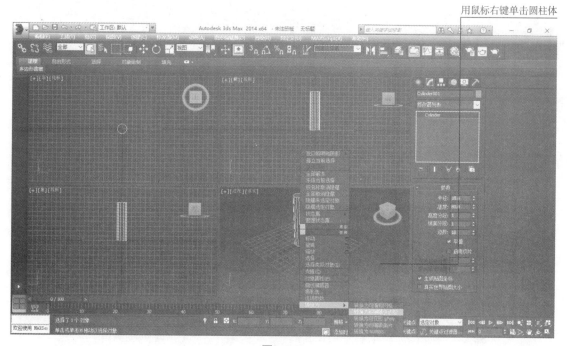

图1-2-3

选中顶面   "多边形"对象

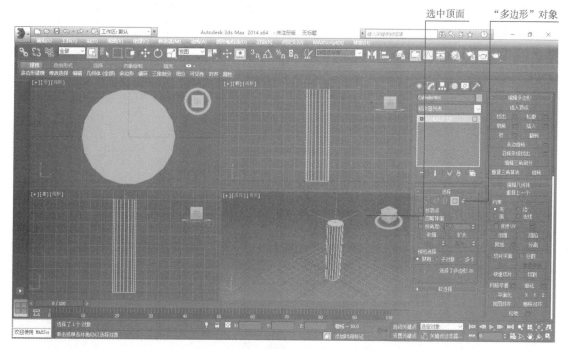

图1-2-4

步骤5：选择"挤出"修改器，把鼠标指针放在顶面上，按住鼠标左键向正上方拖动挤出一个新面后松开鼠标左键（向上拖动必须一次完成，不可反复执行拖动操作，否则会产生多个新面），如图1-2-5所示。

把鼠标指针放在顶面上，按住鼠标左键向正上方拖动挤出一个新面　　　"挤出"修改器

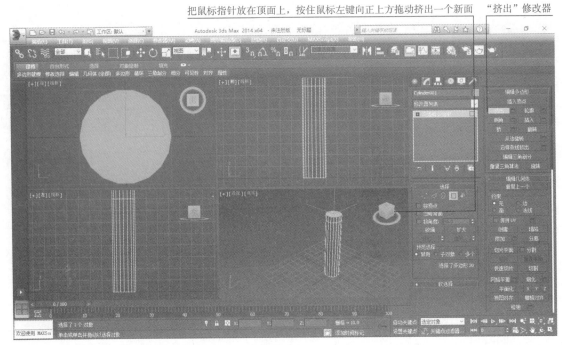

图1-2-5

步骤6：选择"选择并缩放"工具，按住鼠标左键向正上方拖动，把顶面等比例放大，如图1-2-6所示。

缩放工具　　　　把鼠标放在坐标原点处向正上方拖动

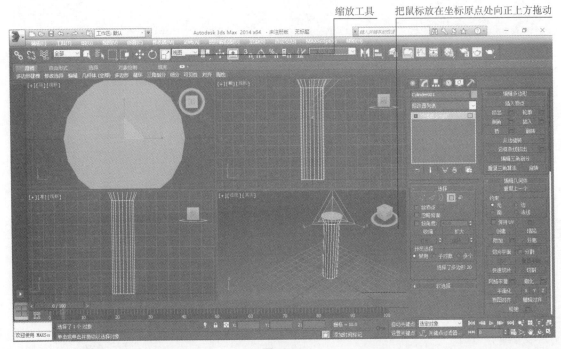

图1-2-6

步骤7：单击"挤出"按钮，按住鼠标左键向正上方拖动，再进行一次挤出操作，如图1-2-7所示。

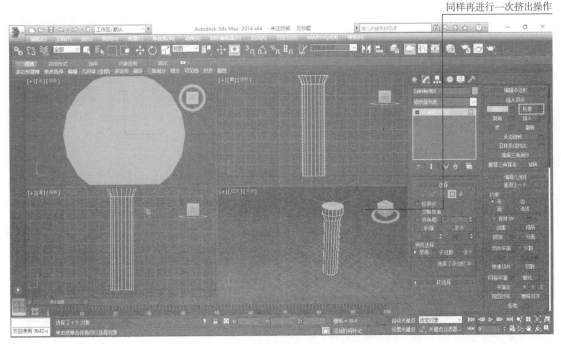

图1-2-7

步骤8：单击"插入"按钮，按住鼠标左键向正下方拖动，把顶面往里面挤进去，如图1-2-8所示。

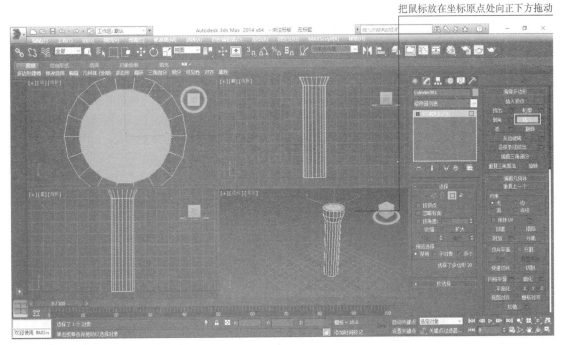

图1-2-8

步骤9：单击"挤出"按钮，按住鼠标左键向正下方拖动，让顶面凹进去，如图1-2-9所示。

把鼠标指针放在坐标原点处向正下方拖动

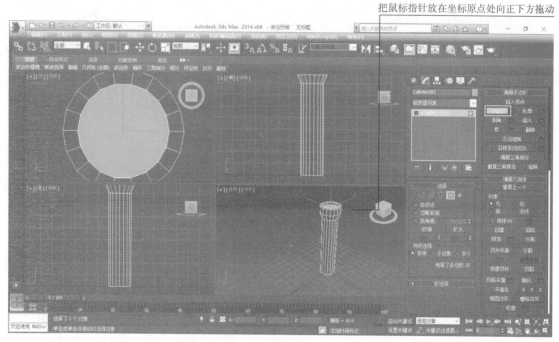

图1-2-9

步骤10：在英文输入法状态下，按Z键刷新各个视图，简易手电筒模型制作完毕，最终效果如图1-2-10所示。

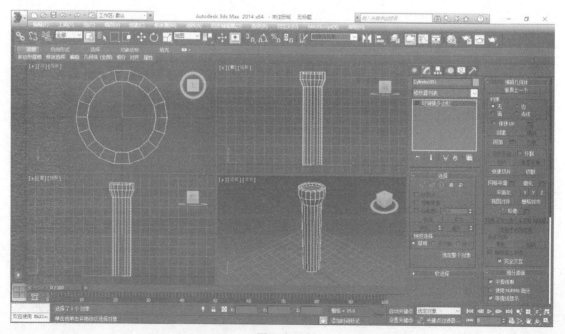

图1-2-10

初级案例三：
制作城堡头模型

一、实训目的

本案例通过制作城堡头模型，教会学生：
（1）运用二维曲线绘制出闭合的多边形；
（2）利用"圆角"功能让多边形的线条变得圆滑；
（3）在旋转对象时，配合角度捕捉器，灵活选择变换轴，获得不同的旋转效果。

二、制作思路

首先，运用初级案例二的方法制作出城堡主体；其次，对城堡顶部的部分小块面进行"挤出"操作，得到城堡头的主体；再次，利用"创建"→"图形"面板的"线"创建闭合多边形，改变多边形的线条形状后，对多边形进行"挤出"操作以增加厚度；最后，对多边形进行角度捕捉和旋转，增加多边形数量，完成城堡头附加部分的制作，从而做出城堡头模型。

三、操作步骤

步骤1：按照初级案例二的操作步骤1～9，制作出图1-3-1所示的城堡主体。

步骤2：在顶视图中，单击"修改"面板中的"多边形"对象，按住Ctrl键的同时，依次单击选中小块面后，松开Ctrl键，完成小块面的选择，如图1-3-2所示。

步骤3：在透视视图中，单击"修改"面板中的"挤出"按钮，将选中的区域抬高，挤出新面，效果如图1-3-3所示。

步骤4：关闭"修改"面板中的所有选项，城堡头主体效果如图1-3-4所示。

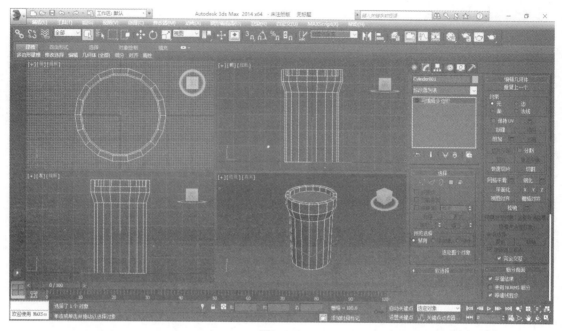

图1-3-1

在按住Ctrl键的同时，用鼠标依次点击选中小块面后，松开Ctrl键　　　　"多边形"对象

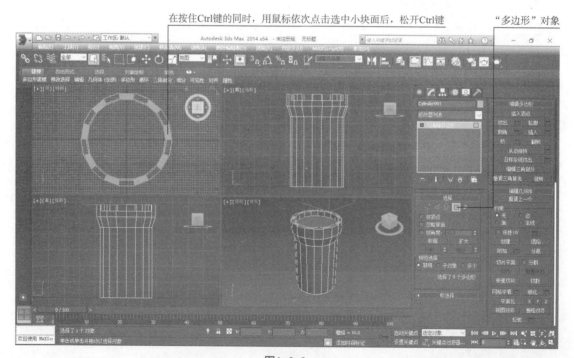

图1-3-2

按住鼠标左键向正上方拖动，挤出一个新面

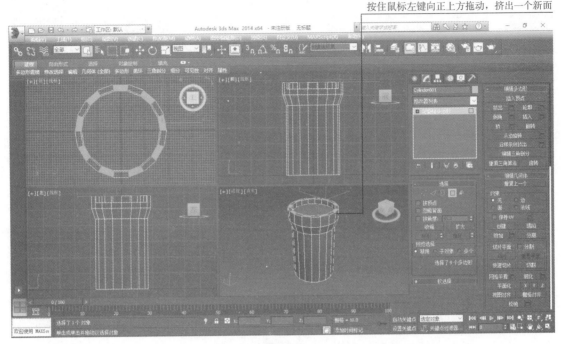

图1-3-3

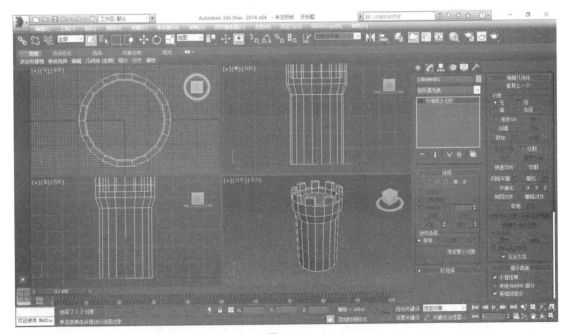

图1-3-4

步骤5：选择前视图，按下Alt+W组合键（英文输入法状态下）放大前视图，如图1-3-5所示。

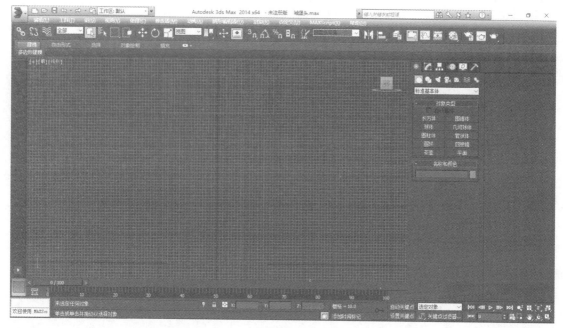

图1-3-5

步骤6：在放大的前视图内，滚动鼠标滚轮来放大城堡头。在命令面板标签栏中依次单击"创建"按钮、"图形"按钮，切换到"图形"面板，单击"线"按钮，在合适的位置单击一次会产生一个点，两点之间会自动产生一根直线，如图1-3-6所示。

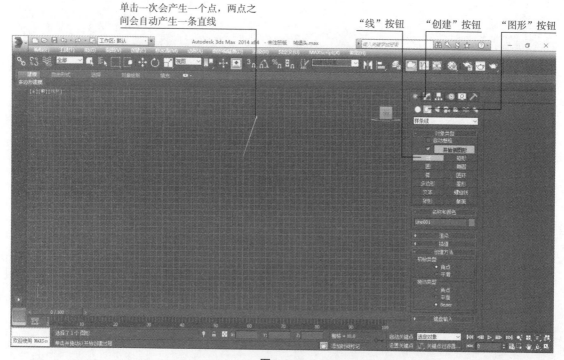

图1-3-6

步骤7： 依次在适当位置单击，最后单击起点一次，闭合曲线，完成多边形的绘制，效果如图1-3-7所示。

单击"是"按钮，完成多边形的绘制

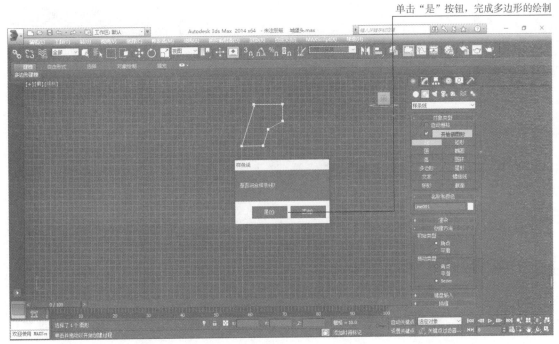

图1-3-7

步骤8： 按数字键1，打开"修改"面板，单击选中将要变形的点，如图1-3-8所示。

单击选中点

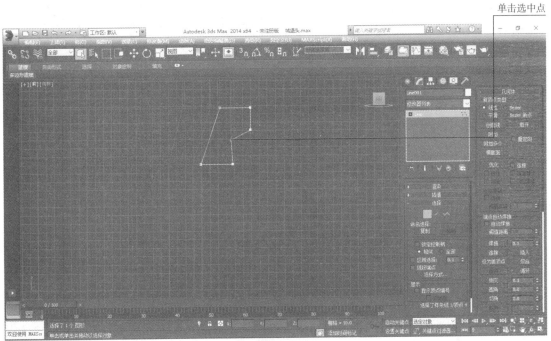

图1-3-8

步骤9：单击"圆角"按钮，将鼠标指针移到选中的点上，按住鼠标左键向正上方拖动，让曲线变圆滑，效果如图1-3-9所示。

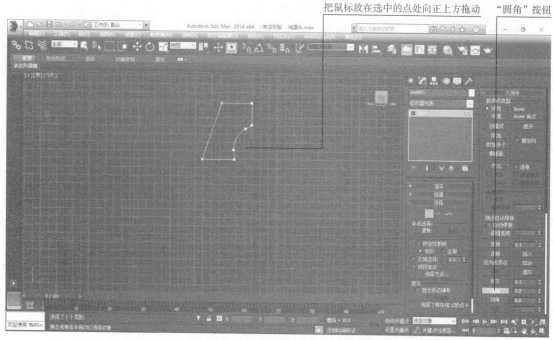

图1-3-9

步骤10：在"修改器列表"中选择"挤出"修改器，如图1-3-10所示。

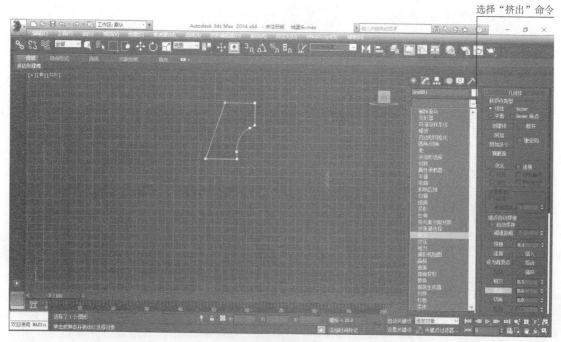

图1-3-10

步骤11：按下Alt+W组合键（英文输入法状态下），取消前视图的最大化，在"参数"卷展栏中增加挤出的数量，让多边形产生厚度，如图1-3-11所示。

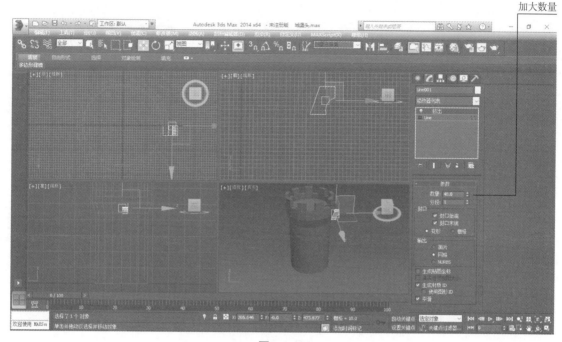

图1-3-11

步骤12：单击顶视图，按下Alt+W组合键（英文输入法状态下）放大顶视图，单击选中多边形，如图1-3-12所示。

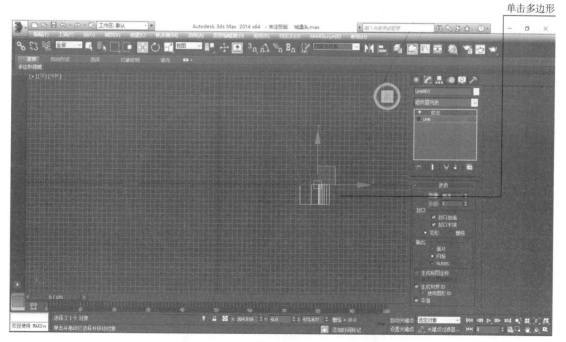

图1-3-12

步骤13：单击"层次"按钮，在"层次"面板中单击"仅影响轴"按钮，把X轴和Y轴的数值设置为0，将多边形中轴调整到中心，如图1-3-13所示。

用鼠标右键单击数值框右侧的三角处，X轴的数值自动归0　"层次"按钮　"仅影响轴"按钮

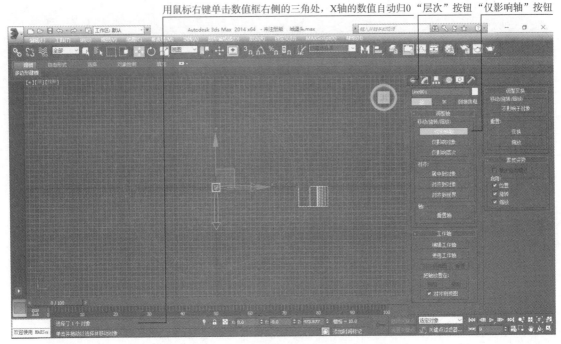

图1-3-13

步骤14：再次单击"仅影响轴"按钮将其关闭，如图1-3-14所示。

步骤15：单击"角度捕捉切换"按钮，激活旋转捕捉，如图1-3-15所示。

单击关闭"仅影响轴"按钮

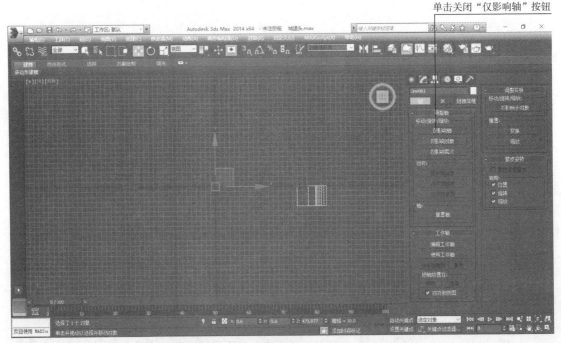

图1-3-14

图1-3-15

步骤16：单击"选择并旋转"按钮，将鼠标移动到最外面的圆形变换轴上（此时该轴会变成黄色），在左手按住Shift键的同时，右手按住鼠标左键并沿着最外面的圆形变换轴逆时针移动鼠标，当Z轴的数值变为45后，同时松开Shift键和鼠标左键，在弹出的"克隆选项"对话框中，将"副本数"设置为7，单击"确定"按钮，如图1-3-16所示。

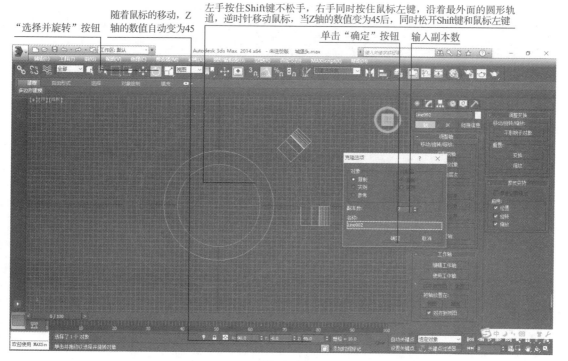

图1-3-16

步骤17：增加多边形数量后，效果如图1-3-17所示。

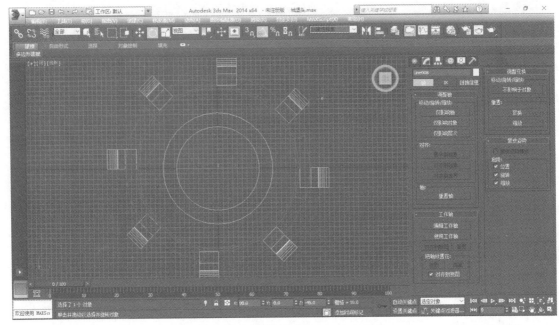

图1-3-17

步骤18：单击"选择对象"按钮，退出旋转操作。在英文输入法状态下，按Z键刷新当前视图，城堡头模型制作完毕，最终效果如图1-3-18所示。

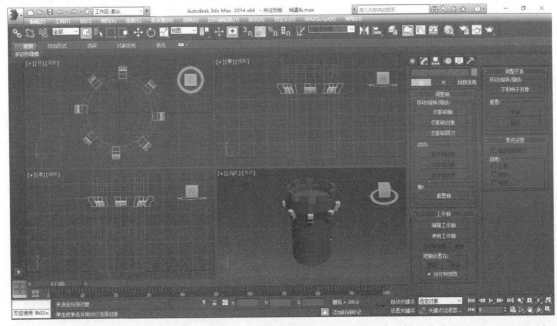

图1-3-18

初级案例四：
制作高脚杯模型

一、实训目的

本案例通过制作高脚杯模型，教会学生：
（1）创建线条；
（2）使用车削命令；
（3）给物体加壳操作。

二、制作思路

创建高脚杯模型时，首先利用"线"按钮创建高脚杯的半个轮廓，然后对其进行"车削"操作，完成高脚杯模型的制作。

三、操作步骤

步骤1：启动3ds Max 2014软件，创建一个新的场景文件，在命令面板标签栏中依次单击"创建"按钮、"图形"按钮，单击"线"按钮，在前视图中按住鼠标左键拖动鼠标绘制出高脚杯的半个轮廓，然后用鼠标右键单击结束绘制，如图1-4-1所示。

步骤2：单击选中高脚杯的轮廓，在菜单栏中选择"修改器"→"面片/样条线编辑"→"车削"命令，如图1-4-2所示，效果如图1-4-3所示。

步骤3：单击选中高脚杯，在"修改"面板中选择"轴"命令，单击X轴并拖动鼠标调整X轴的值，或者设置X轴的值为0，如图1-4-4所示。

步骤4：在"参数"卷展栏中将"分段"设置为24，如图1-4-5所示。

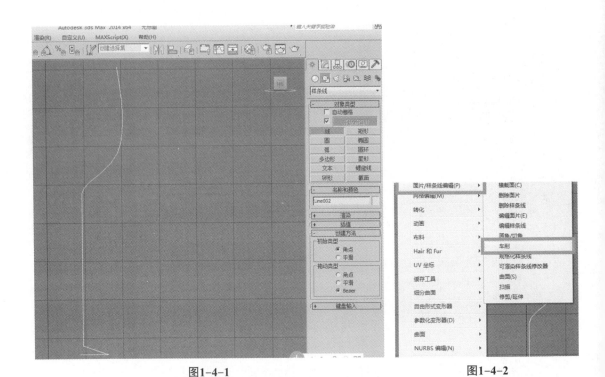

图1-4-1   图1-4-2

图1-4-3

步骤5：单击选中高脚杯，在菜单中选择"修改器"→"参数化变形器"→"壳"命令，如图1-4-6所示，给高脚杯添加一个厚度，如图1-4-7所示。

步骤6：选择"渲染"工具对绘制的高脚杯进行渲染，效果如图1-4-8所示。

图1-4-4

图1-4-5

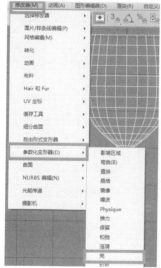

图1-4-6

图1-4-7

图1-4-8

初级案例五：
制作水壶模型

01

一、实训目的

本案例通过制作水壶模型，教会学生：
（1）创建线条；
（2）使用车削命令；
（3）给物体加壳操作。

二、制作思路

创建水壶模型时，首先利用"线"按钮创建水壶的半个轮廓，然后对其进行"车削"操作，完成水壶模型的制作。

三、操作步骤

步骤1： 启动3ds Max 2014软件，创建一个新的场景文件，在命令面板标签栏中依次单击"创建"按钮、"图形"按钮，单击"线"按钮，在前视图中按住鼠标左键拖动鼠标绘制出水壶的半个轮廓，然后单击鼠标右键结束绘制，如图1-5-1所示。

步骤2： 单击选中水壶轮廓，在"修改器列表"中选择"车削"修改器，如图1-5-2所示。

步骤3： 单击选中水壶，在"修改"面板中选择"轴"命令，单击X轴并拖动鼠标调整X轴的值，或者设置X轴的值为0，如图1-5-3所示。

步骤4： 在"参数"卷展栏中将"分段"设置为24，如图1-5-4所示。

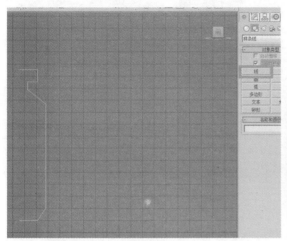

图1-5-1

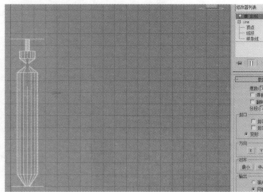

图1-5-2

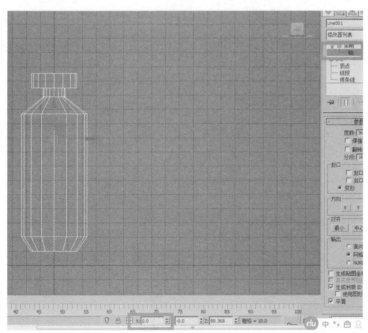

图1-5-3

图1-5-4

步骤5：单击选中水壶，在菜单栏中选择"修改器"→"参数化变形器"→"壳"命令，如图1-5-5所示，给水壶添加一个厚度，效果如图1-5-6所示。

步骤6：选择"渲染"工具对绘制的水壶进行渲染，效果如图1-5-7所示。

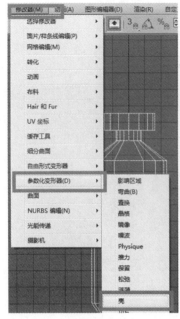

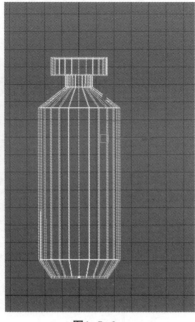

图1-5-5   图1-5-6   图1-5-7

初级案例六：
制作葫芦模型

一、实训目的

本案例通过制作葫芦模型，教会学生：
（1）创建和编辑二维线；
（2）根据操作需要，熟练切换、更新视图，调整视图显示比例；
（3）灵活选择、移动、旋转、缩放对象；
（4）通过编辑"顶点""线段""样条线"，修改二维线对象的线型。

二、制作思路

创建葫芦模型时，首先利用"线"按钮创建葫芦的二维线外形，然后对二维线外形进行"车削""壳"等操作，完成葫芦模型的制作。

三、操作步骤

步骤1： 启动3ds Max 2014软件，创建一个新的场景文件，在命令面板标签栏中依次单击"创建"按钮、"图形"按钮，单击"线"按钮，在前视图中按住鼠标左键并拖动鼠标绘制出葫芦的半个轮廓，单击鼠标右键结束，如图1-6-1所示。

步骤2： 单击选中葫芦轮廓，单击"顶点"菜单，调整葫芦的形状，如图1-6-2所示。

步骤3： 单击选中葫芦轮廓，在菜单栏中选择"修改器"→"面片/样条线编辑"→"车削"命令，如图1-6-3所示。

步骤4： 单击选中葫芦，在"修改"面板中选择"轴"命令，设置X轴的值为0，如图1-6-4所示。

步骤5： 在"参数"卷展栏中将"分段"设置为24，如图1-6-5所示。

步骤6： 单击选中葫芦，在菜单中选择"修改器"→"参数化变形器"→"壳"命令，给葫芦添加一个厚度，效果如图1-6-6所示。

步骤7： 选择"渲染"工具，预览葫芦效果图，如图1-6-7所示。

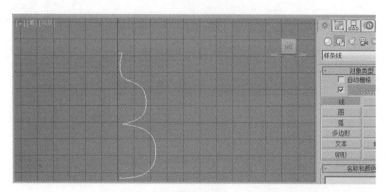

图1-6-1

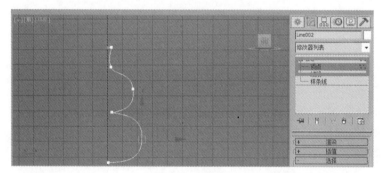

图1-6-2

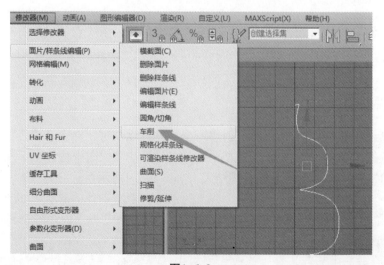

图1-6-3

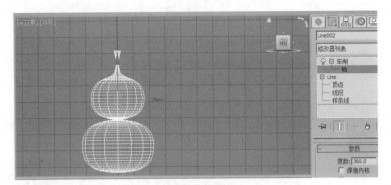

图1-6-4

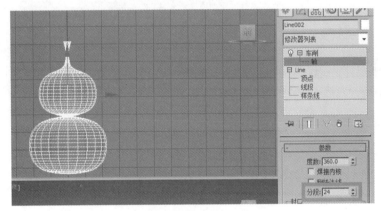

图1-6-5

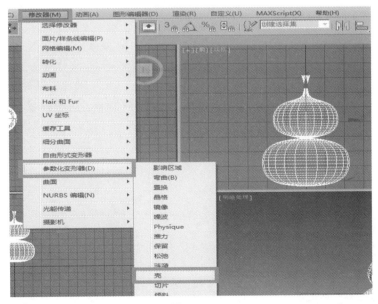

图1-6-6

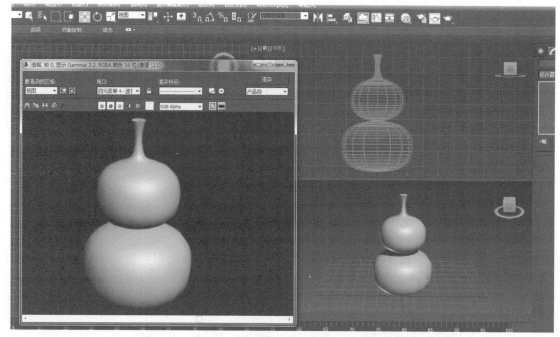

图1-6-7

初级案例七：
制作水杯模型

一、实训目的

本案例通过制作水杯模型，教会学生：

（1）切角圆柱体、圆环的创建及参数调整；

（2）复制物体并调整位置参数；

（3）利用布尔运算实现物体重组。

二、制作思路

本案例主要通过创建两个切角圆柱体，并调整其相应位置，进行布尔运算后形成水杯主体，然后再通过圆环工具进行切角设置制作水杯把手，最终形成一个水杯模型。

三、操作步骤

步骤1：启动3ds Max 2014软件，在命令面板中依次单击"创建"按钮、"几何体"按钮，在下拉列表中选择"扩展基本体"，然后单击"切角圆柱体"按钮（图1-7-1）。单击"键盘输入"卷展栏左侧的"+"号将其展开，设置相关参数，将"半径"设置为30，将"高度"设置为60，将"圆角"设置为1，将"边数"设置为30。单击"创建"按钮即可创建一个切角圆柱体，如图1-7-2所示。

步骤2：复制物体。选择"选择并移动"工具，在前视图中单击创建的圆柱体，然后在按住Shift键的同时，将鼠标放在Y轴上并按住鼠标左键向上拖动一定距离后，放开鼠标左键和Shift键，此时会弹出"克隆选项"对话框。在该对话框中的"对象"选项组中选择"复制"单选按钮，设置"副本数"和"名称"，然后单击"确定"按钮，即可复制一个切角圆柱体（图1-7-3）。打开"修改"面板，将复制的圆柱体半径修改为28，如图1-7-4所示。

图1-7-1

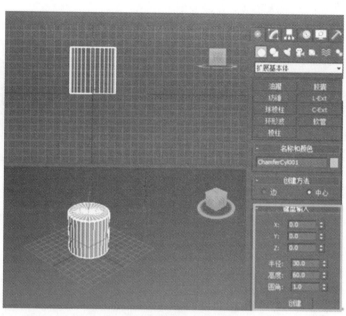

图1-7-2

图1-7-3

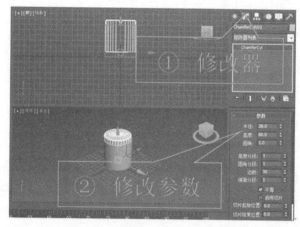

图1-7-4

步骤3：通过布尔运算，挖空杯体形成水杯主体模型。依次单击"创建"按钮、"几何体"按钮，在下方的下拉列表中选择"复合对象"，如图1-7-5所示。在前视图中选择半径为30的圆柱体，然后在"创建"面板中单击"对象类型"卷展栏中的"布尔"按钮（图1-7-6），单击"拾取操作对象B"（图1-7-7），然后再单击半径为28的切角圆柱体，效果如图1-7-8所示。

步骤4：制作水杯把手。设置几何体类型为"标准基本体"，单击"参数"卷展栏下的"圆环"按钮（图1-7-9），在前视图中创建一个圆环，并启用切片工具，形成水杯把手，参数如图1-7-10所示。将把手调整到相应位置，效果如图1-7-11所示。进行布尔运算将杯体与把手结合起来。

步骤5：完成模型制作。

图1-7-5　　　　　　　图1-7-6　　　　　　　图1-7-7

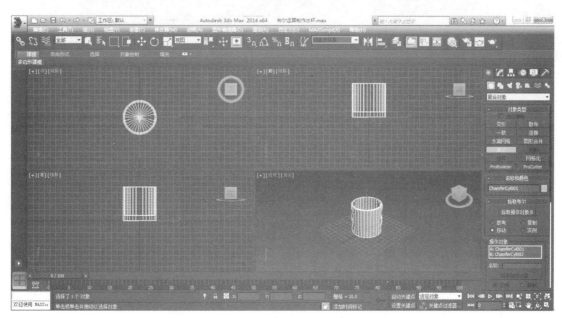

图1-7-8

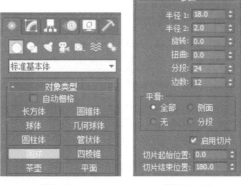

图1-7-9　　　　　　　图1-7-10

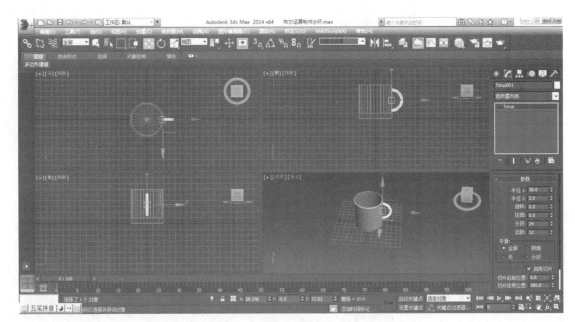

图1-7-11

初级案例八：
制作简易房屋模型

01

一、实训目的

本案例通过制作简易房屋模型，教会学生：
（1）创建和编辑棱柱；
（2）根据操作需要，熟练切换、更新视图，调整视图显示比例；
（3）灵活选择、移动、旋转、缩放、复制对象；
（4）使用"连接"和"布尔"修改器处理修改对象。

二、制作思路

创建简易房屋时，首先利用"棱柱"按钮创建房屋的屋顶，然后利用"3D捕捉"按钮在棱柱下方创建立方体作为屋体并与屋顶棱柱进行连接，使用"布尔"修改器处理选中的对象，完成房屋的窗子和门口的制作。

三、操作步骤

步骤1：启动3ds Max 2014软件，创建一个新的场景文件，在命令面板中依次单击"创建"按钮、"几何体"按钮，切换到"几何体"面板，单击"扩展基本体"中的"棱柱"按钮，如图1-8-1所示。

步骤2：在前视图的坐标原点处按住鼠标左键并向外拖动，绘制出一个三角形后松开鼠标左键，再向斜下方移动鼠标，单击后即可绘制出一个棱柱体，如图1-8-2所示。

步骤3：在透视图中，选中绘制的棱柱体，在右侧"参数"卷展栏中，对棱柱的相关参数进行设置，如图1-8-3所示。

图1-8-1

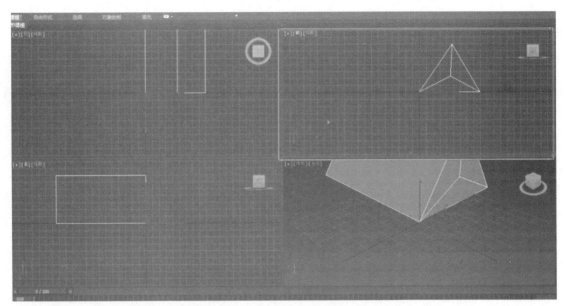

图1-8-2

步骤4：在透视视图中，按快捷键"Alt+鼠标中键"旋转棱柱调整其位置，如图1-8-4所示。

步骤5：用鼠标右键单击工具栏中的"3D捕捉"按钮，在弹出的"栅格和捕捉设置"对话框的"捕捉"选项卡中只勾选"顶点"复选框，关闭对话框，如图1-8-5所示。

步骤6：在"创建"面板中单击"几何体"按钮，设置几何体类型为"标准基本体"，在"对象类型"卷展栏中单击"长方体"按钮，在透视图中捕捉之前创建的棱柱下方的四边形的两个对角并向下拉动，绘制出长方体并设置相关参数，将"长度"设置为200，将"宽度"设置为100，将"高度"设置为-100，如图1-8-6所示。

步骤7：使用"选择并移动"工具选择新建的长方体，在"创建"面板中单击"几何体"按钮，在下拉列表中选择"复合对象"，在"对象类型"卷展栏中单击"连接"按钮，继续单击下方"拾取操作对象"卷展栏中的"拾取操作对象"按钮，然后单击之前制作的棱柱，将棱柱和长方体组合在一起，如图1-8-7所示。

图1-8-3

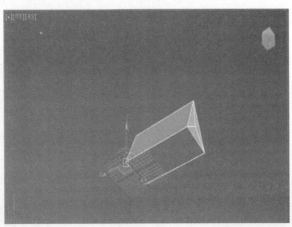

图1-8-4

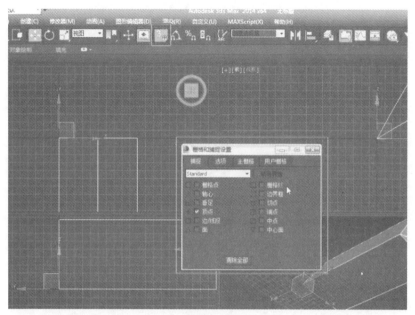

图1-8-5

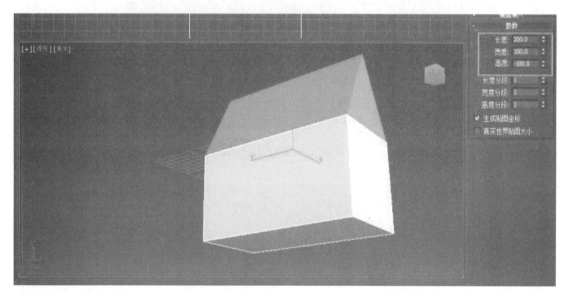

图1-8-6

步骤8：在透视图中选择合并的房屋并单击鼠标右键，在弹出的快捷菜单中选择"转换为"→"转换为可编辑多边形"命令，如图1-8-8所示。

步骤9：在"选择"卷展栏中，选择"多边形"。使用"选择并移动"工具选择底面，按Delete键将底面删除，如图1-8-9所示。

步骤10：在"创建"面板中单击"几何体"按钮，选择几何体类型为"标准基本体"，在"对象类型"卷展栏中单击"长方体"按钮并勾选"自动栅格"复选框，如图1-8-10所示。

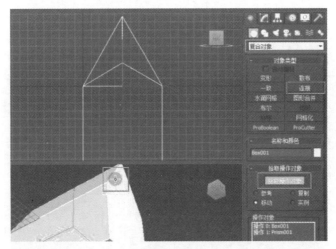

图1-8-7

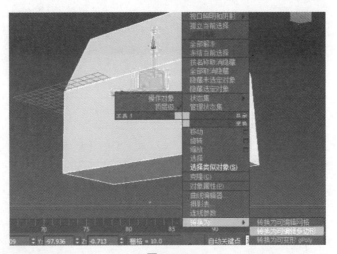

图1-8-8

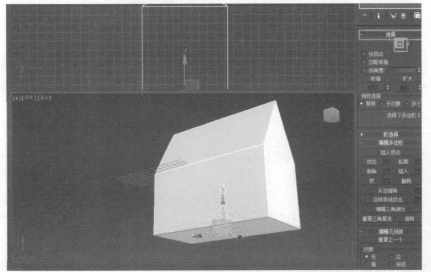

图1-8-9

图1-8-10

步骤11：在左视图中绘制一个贯穿房屋的长方体A（参数随意，只要贯穿房屋即可），左视图和透视图效果如图1-8-11所示。

步骤12：单击"选择并移动"按钮，在左视图中选择长方体A，在按住Shift键的同时，按住鼠标左键沿着X轴向右拖动长方体A复制一个长方体B。效果如图1-8-12所示。

步骤13：用"选择并移动"工具选择房屋，在"创建"面板的"几何体"按钮的下拉列表中选择"复合对象"，单击"对象类型"卷展栏中的"布尔"按钮和"参数"卷展栏中的"差集（A–B）"按钮后，单击"拾取布尔"卷展栏中的"拾取操作对象B"按钮，如图1-8-13所示。选择步骤11中绘制的长方体A，制作出左边的窗口。同理制作出右边的窗口。透视图效果如图1-8-14所示。

步骤14：按照步骤11中的方法在前视图中画出贯穿房屋的长方形，并按步骤13中"布尔设置"的方法裁剪出侧边窗口，如图1-8-15所示。

步骤15：按照步骤11中的方法在左视图中画出不贯穿房屋的长方体，并用步骤13中"布尔设置"的方法裁剪出房屋的门口，如图1-8-16所示。

步骤16：在英文输入法状态下，按Z键刷新各个视图，简易房屋模型制作完毕，最终效果如图1-8-17所示。

图1-8-11

图1-8-13

图1-8-12

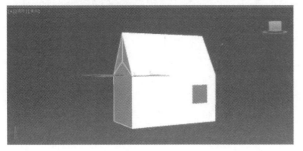

图1-8-14

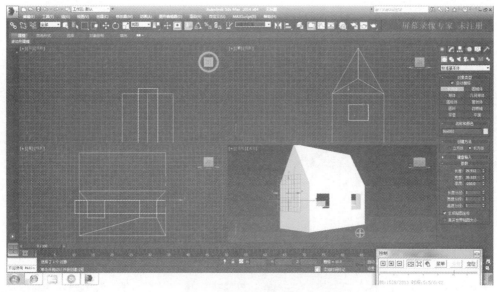

图1-8-15

图1-8-16

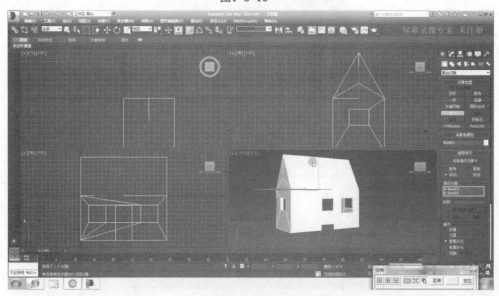

图1-8-17

初级案例九：
制作学校大门模型

一、实训目的

本案例通过制作学校大门模型，教会学生：

（1）学校大门的设计方法。

（2）进一步掌握3ds Max设计软件的运用，了解建筑物的建模方法。

（3）尝试把在学校里学习的建模设计相关理论运用到实习过程中。

（4）初探做好室外设计的方法，熟悉室外设计的方法和程序步骤。

二、制作思路

首先拿到学校大门的图纸，在了解学校的大门情况后开始建模，将要展示的大门各个组成部分的模型做好，还需要参考实际的尺寸和比例，模型中组成部分的比例很重要，只有整体协调，才能显示出建筑的实际效果。

三、操作步骤

1．创建地面对象

步骤1：在"创建"面板中单击"几何体"按钮，设置几何体类型为"标准几何体"，在"对象类型"卷展栏中单击"平面"按钮，在前视图上拖动鼠标创建一个平面，如图1-9-1所示。

步骤2：在"修改"面板中设置平面的名称为"地面"。在"参数"卷展栏中将"长度"设置为500，将"宽度"设置为1 000。在工具栏上用鼠标右键单击"选择并移动"按钮，弹出"移动变换输入"对话框，在"移动变换输入"对话框的"绝对：世界"选项组中将"X"设置为0，将"Y"设置为0，将"Z"设置为–112，如图1-9-2所示。

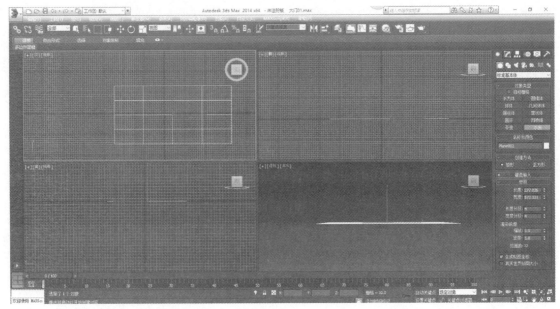

图1-9-1

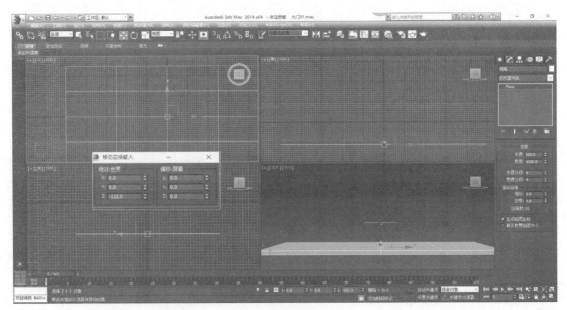

图1-9-2

2．制作大门的柱子

步骤1：在"创建"面板中单击"几何体"按钮，设置几何体类型为"标准基本体"，在"对象类型"卷展栏中单击"圆柱体"按钮，在顶视图中拖动鼠标创建一个圆柱，在"修改"面板中设置圆柱体的"名称"为"圆柱1"。在"参数"卷展栏中设置"半径"

为10，"高度"为230，"高度分段"为8。在工具栏上用鼠标右键单击"选择并移动"按钮，弹出"移动变换输入"对话框。在"移动变换输入"对话框的"绝对：世界"选项组中设置"X"为-150，"Y"为-50，"Z"为-112，如图1-9-3所示。

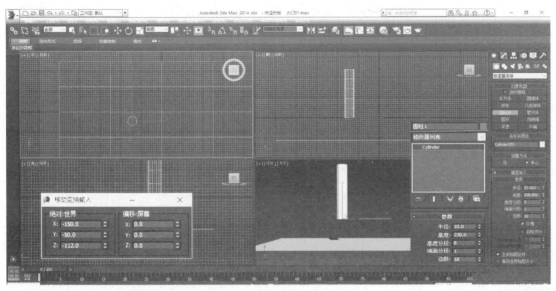

图1-9-3

步骤2：在顶视图选中圆柱1并单击鼠标右键，在弹出的快捷菜单中选择"克隆"命令，弹出"克隆选项"对话框。在该对话框中的"对象"选项组中选择"实例"单选按钮，然后单击"确定"按钮。选择复制出来的圆柱2，在工具栏中用鼠标右键单击"选择并移动"按钮，然后在弹出的"移动变换输入"对话框的"绝对：世界"选项组中设置"X"为-150，"Y"为50，"Z"为-112，如图1-9-4所示。

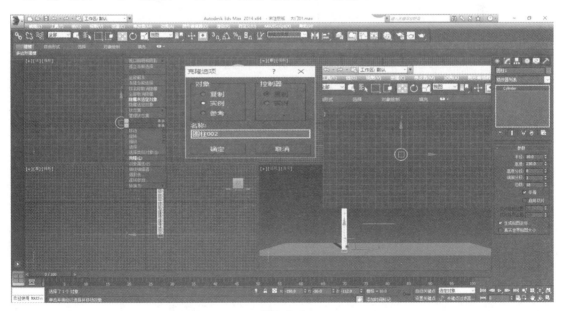

图1-9-4

步骤3：按住Ctrl键选中圆柱1和圆柱2，单击工具栏上的"镜像"工具，在弹出的"镜像：屏幕坐标"对话框中的"镜像轴"选项组中选择"X"单选按钮，在"克隆当前选择"选项组中选择"复制"单选按钮，然后单击"确定"按钮。将镜像出的两个圆柱分别命名为"圆柱3"和"圆柱4"。选择圆柱3，在工具栏中用鼠标右键单击"选择并移动"按钮，然后在弹出的"移动变换输入"对话框的"绝对：世界"选项组中设置"X"为–150，"Y"为50，"Z"为–112。选择圆柱4，在工具栏中用鼠标右键单击"选择并移动"按钮，然后在弹出的"移动变换输入"对话框的"绝对：世界"选项组中设置"X"为150，"Y"为50，"Z"为–112，如图1-9-5所示。

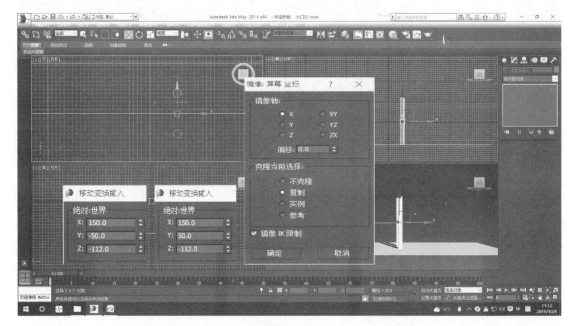

图1-9-5

3. 制作柱子顶端圆锥体

步骤1：在顶视图中，依次单击命令面板中的"创建"按钮、"几何体"按钮，选择几何体类型为"标准基本体"，在"对象类型"卷展栏中单击"圆锥体"按钮，将名称"Cone001"更改为"圆锥体1"，展开"键盘输入"卷展栏，并按图1-9-6所示设置参数，然后单击"创建"按钮。

步骤2：按同样的方法，创建其他三个圆锥体，依次为圆锥体2、圆锥体3、圆锥体4，其参数设置如图1-9-7所示，最终效果如图1-9-8所示。

图1-9-6

图1-9-7

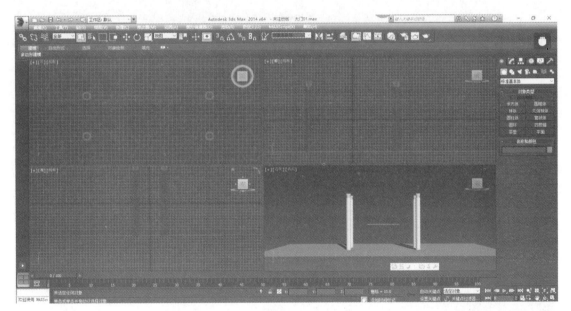

图1-9-8

4．制作天面顶板

步骤1：单击顶视图，在"创建"面板中单击"几何体"按钮，选择几何体类型为"标准基本体"，在"对象类型"卷展栏中单击"长方体"按钮，展开"键盘输入"卷展栏，输入图1-9-9所示的参数后，单击"创建"按钮将新创建的长方体命名为"天面挡板1"。效果如图1-9-10所示。

步骤2：制作弯曲效果。选择天面挡板1，在命令面板中单击"修改"按钮，切换到"修改"面板，在"修改器列表"中选择"弯曲"命令。在"参数"卷展栏中的"弯曲"选项组中设置"角度"为20，在"弯曲轴"选项组中选择"X"单选按钮。效果如图1-9-11所示。

图1-9-9

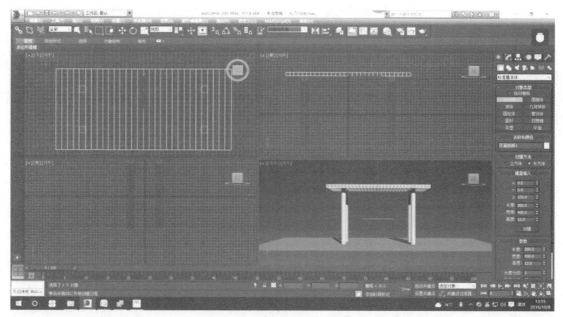

图1-9-10

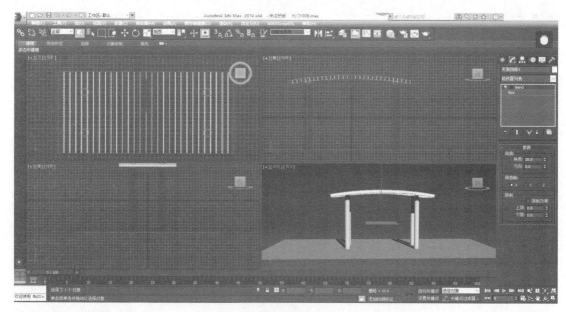

图1-9-11

5. 制作值班室天面

步骤1：选择"选择并移动"工具，按住Shift键，选中并拖动天面挡板1一定距离后放开鼠标左键和Shift键，此时会弹出"克隆选项"对话框，将"副本数"设置为2，单击"确定"按钮复制出两个天面挡板，并将其名称分别修改为"天面挡板002"和"天面挡板003"。

步骤2：选中天面挡板002，在工具栏中用鼠标右键单击"选择并移动"工具，在弹出的"移动变换输入"对话框的"绝对：世界"选项组中设置"X"为-260，"Y"为0，"Z"为45，再选择"天面挡板003"对象，修改坐标："X"为260，"Y"为0，"Z"为45，效果如图1-9-12所示。

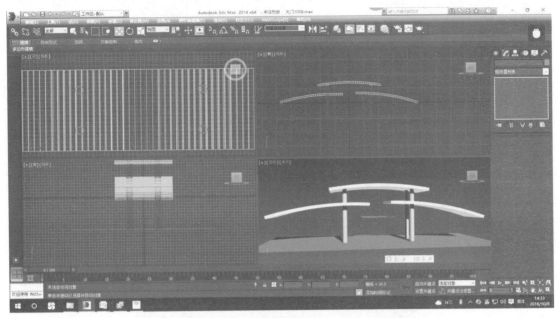

图1-9-12

步骤3：选择天面挡板002并单击鼠标右键，在弹出的快捷菜单中选择"转换为"→"转换为可编辑多边形"命令，如图1-9-13所示。

步骤4：选中天面挡板002并单击鼠标右键，在弹出的快捷菜单中选择"隐藏未选定对象"命令，如图1-9-14所示，展开"可编辑网络"，选择"多边形"选项。在顶视图中，框选右上角2×6个多边形，如图1-9-15所示，然后按Delete键将其删除。按同样的方法，将天面挡板003多余的多边形删除，如图1-9-16所示。最终效果如图1-9-17所示。

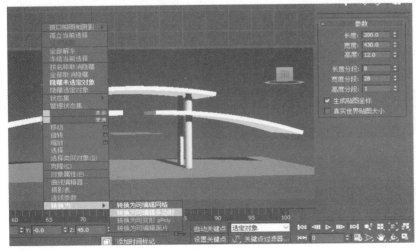

图1-9-13

图1-9-14

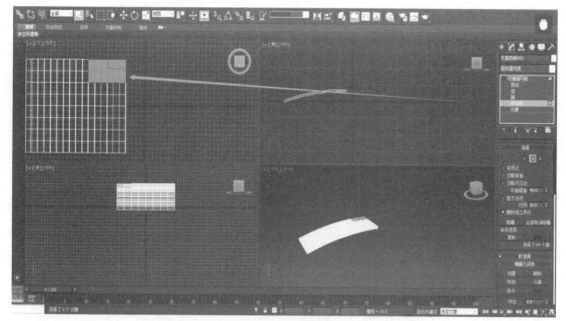

图1-9-15

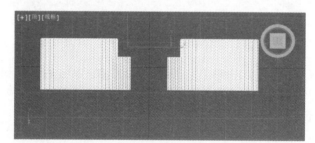

图1-9-16

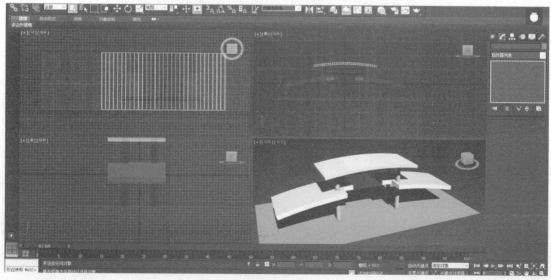

图1-9-17

6．创建值班室房子

步骤1：在"创建"面板中单击"几何体"按钮，选择几何体类型为"标准基本体"，单击"对象类型"卷展栏中的"长方体"按钮，将"BOX"重命名为"房子1"，展开"键盘输入"卷展栏，然后输入图1-9-18所示的参数，单击"创建"按钮。

步骤2：选择房子1，添加"FFD4×4×4"修改器，展开"FFD4×4×4"修改器，选择"控制点"，在前视图中框选左上角控制点，下移控制点，使房子贴合天面，如图1-9-19所示。

步骤3：选择房子1，使用"镜像"工具制作房子2，房子2的坐标如图1-9-20所示，最终效果如图1-9-21所示。

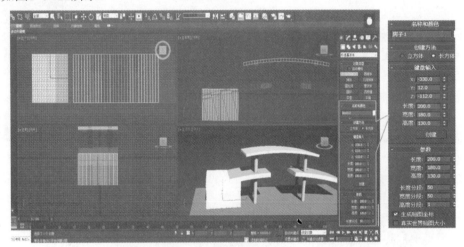

图1-9-18

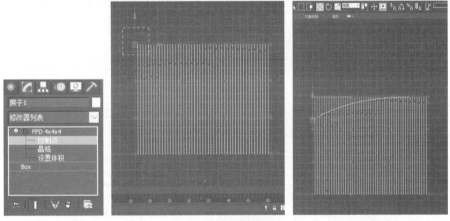

图1-9-19

图1-9-20

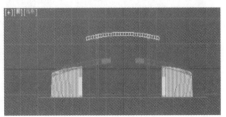

图1-9-21

7．创建电子屏

步骤：激活顶视图，在"创建"面板中单击"几何体"按钮，选择几何体类型为"标准基本体"，在"对象类型"卷展栏中单击"长方体"按钮，将"BOX"重命名为"电子屏"，展开"键盘输入"卷展栏，然后输入图1-9-22所示的参数，单击"创建"按钮。

8．创建学校名称

步骤1：创建栅栏。在"创建"面板中单击"图形"按钮，选择几何体类型为"样条线"，在"对象类型"卷展栏中单击"线"按钮，勾选"开始新图形"复选框，在前视图创建一条直线，如图1-9-23所示。

步骤2：在"创建"面板中单击"几何体"按钮，选择几何体类型为"AEC扩展"，在"栏杆"卷展栏中单击"拾取栏杆路径"按钮，然后单击场景中新创建的直线，如图1-9-24所示。

步骤3：在"栏杆"卷展栏中修改栏杆的上围栏、下围栏、立柱的参数，如图1-9-25所示。

步骤4：调整"栏杆"的位置，在工具栏的"选择并移动"按钮上单击鼠标右键，弹出"移动变换输入"对话框，在该对话框的"绝对：世界"选项组中设置"X"为-1，"Y"为-43，"Z"为200。效果如图1-9-26所示。

图1-9-22

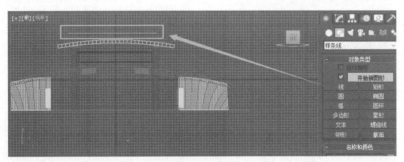

图1-9-23

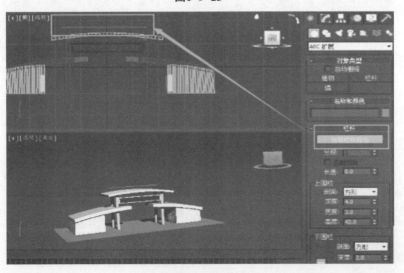

图1-9-24

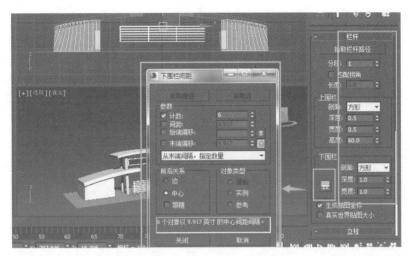

图1-9-25

图1-9-26

　　步骤5：创建"广西交通技师学院"文字。在"创建"面板中单击"图形"按钮，选择几何体类型为"样条线"，在"对象类型"卷展栏中单击"文本"按钮，设置文本的名称和颜色、字体、大小，在"文本"框中输入"广西交通技师学院"，然后在前视图中单击创建"学校名称"对象，如图1-9-27所示。

　　步骤6：选择"广西交通技师学院"对象，在修改器中添加"挤出"命令，修改"数量"为"4"，然后调整对象的位置，在"移动变换输入"对话框的"绝对：世界"选项组中设置"X"为0，"Y"为-44，"Z"为153。参数调整如图1-9-28所示。

　　完成基本校门模型制作，效果如图1-9-29所示。

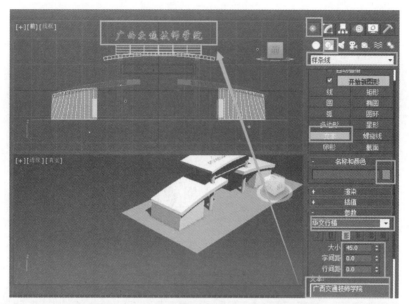

图1-9-27

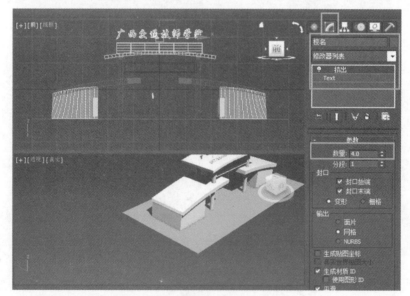

图1-9-28

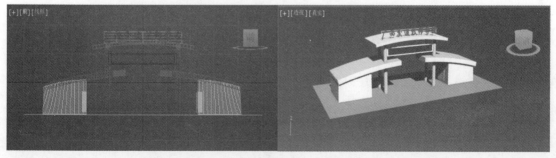

图1-9-29

中级模块

中级案例一：
置换贴图实例

02

一、实训目的

本案例通过置换贴图实例，教会学生：
（1）掌握3ds Max中贴图的概念；
（2）使用置换命令。

二、制作思路

通过"置换"命令，简单快速地建立山地贴图。使用软件3ds Max 2014版本，素材如图2-1-1所示。

图2-1-1

三、操作步骤

1. 建立平面

步骤1：选择顶视图，在"创建"面板中单击"几何体"按钮，选择几何体类型为"标准基本体"，在"对象类型"卷展栏中单击"平面"按钮，如图2-1-2所示。

步骤2：在顶视图中的任意位置，按住鼠标左键并拖动，绘制出一个平面，如图2-1-3所示。

步骤3：回到命令面板，在"参数"卷展栏中设置平面的"长度"为300，"宽度"为400，如图2-1-2所示。

至此，平面创建完毕。

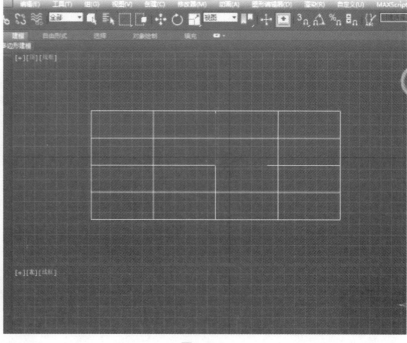

图2-1-2   图2-1-3

2．山地建模

步骤1：单击命令面板中的"修改"按钮，将平面的名称改为"山地模型"，在"修改器列表"下拉列表中，选择"UVW贴图"，如图2-1-4所示。

步骤2：在"修改器列表"下拉列表中，选择"置换"修改器，如图2-1-5所示。

步骤3：单击新添加的"Displace"（置换）修改器，在"参数"卷展栏的"图像"选项组中，单击"位图"下方的"无"按钮，如图2-1-6所示。

步骤4：在弹出的"选择置换图像"对话框中，找到素材图片，然后双击该图片，如图2-1-7所示。

步骤5：在"参数"卷展栏的"置换："选项组中，将"强度"设置为80，如图2-1-8所示。

至此，山地建模结束，结果如图2-1-9所示。

3．赋予贴图

步骤1：在菜单栏中选择"渲染"→"材质编辑器"→"精简材质编辑器"命令，打开"材质编辑器"对话框，如图2-1-10和图2-1-11所示。

步骤2：在透视视图中单击山地模型并将其选中在"材质编辑器"对话框中，单击"Blinn基本参数"卷展栏中"漫反射"后面的小正方形按钮，如图2-1-12所示。

步骤3：在弹出的"材质/贴图浏览器"中选择"位图"，如图2-1-13所示。之后在弹出的"选择位图图像文件"对话框中找到保存素材图片的位置，然后双击该图片，如图2-1-14所示。

步骤4：在"材质编辑器"对话框中单击"转到父对象"按钮，如图2-1-15所示。

图2-1-4

图2-1-5　　　　　图2-1-6　　　　　图2-1-7　　　　　图2-1-8

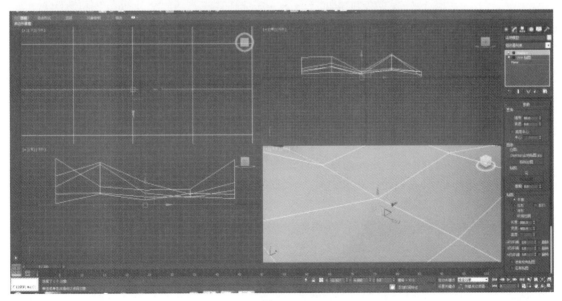

图2-1-9

步骤5：在"材质编辑器"对话框中单击"将材质指定给选定对象"按钮，如图2-1-16所示。

步骤6：在"材质编辑器"对话框中单击"视口中显示明暗处理材质"按钮，如图2-1-17所示。

最终结果如图2-1-18所示。

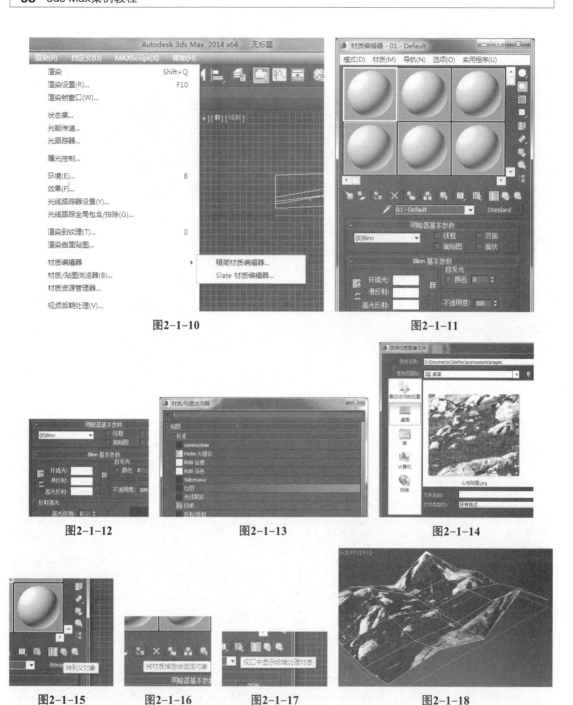

图2-1-10

图2-1-11

图2-1-12

图2-1-13

图2-1-14

图2-1-15

图2-1-16

图2-1-17

图2-1-18

中级案例二：
用透明贴图制作铁艺材质

一、实训目的

本案例通过用透明贴图制作铁艺材质，教会学生：

（1）材质编辑器的使用；

（2）用贴图制作铁艺材质的方法。

二、制作思路

首先创建模型，分别在顶视图和前视图创建平面，然后在"材质编辑器"中调节明暗模式基本参数制作铁艺材质。

三、操作步骤

步骤1： 在顶视图中创建一个平面，将长度和宽度都设置为200，将颜色设置为绿色，如图2-2-1所示。

步骤2： 在前视图中创建一个平面，将长度和宽度都设置为65，如图2-2-2所示。

步骤3： 单击"材质编辑器"按钮，在弹出的按钮中选择经典"材质编辑器"按钮，如图2-2-3所示。

步骤4： 在弹出的"材质编辑器"对话框中，将"贴图"卷展栏选项展开，如图2-2-4所示。

步骤5： 找到"漫反射颜色"复选框，单击其右侧对应的"贴图类型"按钮，在弹出的"材质/贴图浏览器"对话框中选择"位图"。将素材中的"栏杆.jpg"导入3ds Max中，如图2-2-5所示。

步骤6： 单击"转到父对象"按钮，如图2-2-6所示。

步骤7：在"贴图"卷展栏中找到"不透明度"复选框，单击其右侧对应的贴图类型按钮。在弹出的"材质/贴图浏览器"对话框中选择"位图"。将素材中的"栏杆黑白.jpg"导入3ds Max中。单击"转到父对象"按钮返回上一级，如图2-2-7所示。

步骤8：选择第二个平面，单击"将材质指定给选定对象"按钮和"视口中显示明暗处理材质"按钮，如图2-2-8所示。

步骤9：调整平面和视图，最终效果如图2-2-9所示。

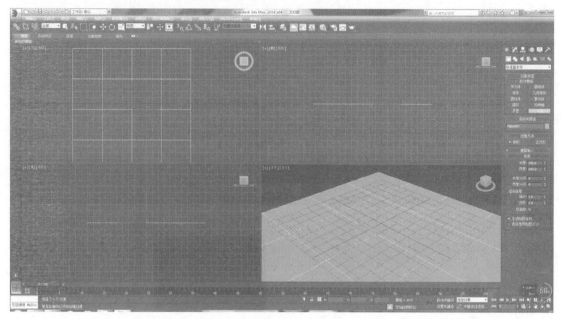

图2-2-1

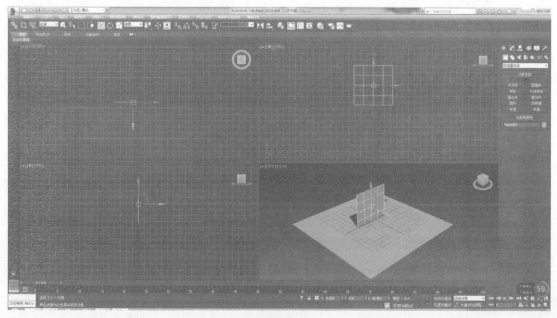

图2-2-2

图2-2-3　　　　图2-2-4

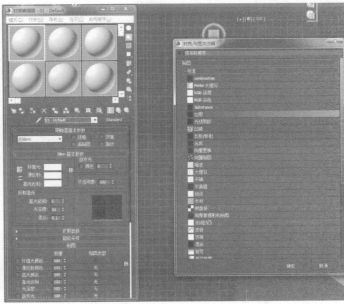

图2-2-5

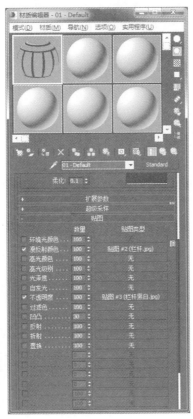

图2-2-6　　　　图2-2-7

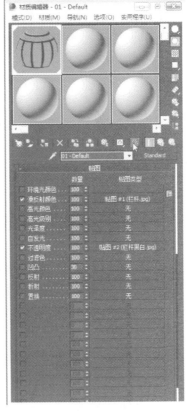

图2-2-8

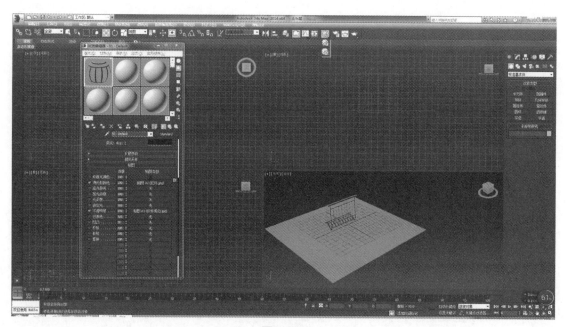

图2-2-9

中级案例三：
用程序纹理制作水面

一、实训目的

本案例通过用程序纹理制作水面，教会学生：高光、光泽度、凹凸、反射、折射五个标准参数的调节。

二、制作思路

首先创建模型，创建一个长方体，并用凹坑将长方体修改成游泳池形状，然后在"材质编辑器"中调节标准参数制作水纹材质。

三、操作步骤

步骤1：在顶视图中绘制长、宽、高分别为300、300、100的长方体A。调整各视图，如图2-3-1所示。

步骤2：在"对象类型"卷展栏勾选"自动栅格"复选框，在长方体A的顶面嵌入一个长、宽、高分别为100、150、–50的长方体B，并用"选择并移动"工具调整长方体B的位置，如图2-3-2所示。

步骤3：选择几何体类型为"复合对象"，单击"对象类型"卷展栏中的"布尔"按钮，在"拾取布尔"卷展栏的"操作"选项组中选择"差集（B-A）"单选按钮，单击"拾取操作对象B"按钮并选择长方体A，如图2-3-3所示。

步骤4：在凹坑中，利用捕捉工具中的顶点捕捉绘制出长、宽、高分别为100、150、40的长方体C，调整透视图，如图2-3-4所示。

步骤5：打开"材质编辑器"，在"Blinn基本参数"卷展栏中设置"环境光"的RGB

颜色为60、120、150，设置"反射高光"的"高光级别"为40、"光泽度"为15，如图2-3-5所示。

步骤6：展开"贴图"卷展栏，将"凹凸"的贴图类型设置为"噪波"，在"噪波参数"卷展栏中将"大小"设置为12。单击"转到父对象"按钮回到上一级，如图2-3-6所示。

步骤7：在"贴图"卷展栏中将"反射"贴图类型设置为"光线跟踪"，参数选择默认值，单击"转到父对象"按钮回到上一级。设置"反射"数量为20，如图2-3-7所示。

步骤8：在"贴图"卷展栏中将"折射"贴图类型设置为"光线跟踪"，参数选择默认值，单击"转到父对象"按钮回到上一级。设置"折射"数量为20，如图2-3-8所示。

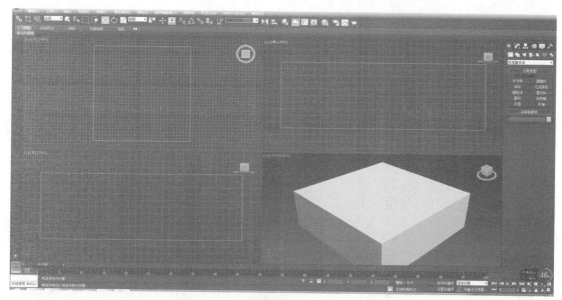

图2-3-1

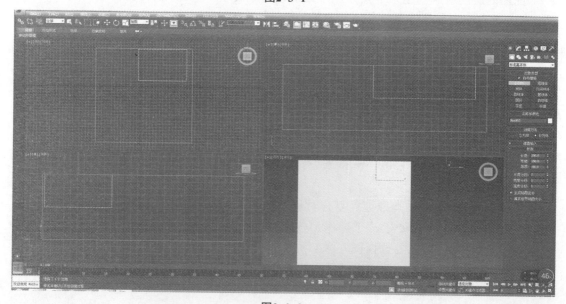

图2-3-2

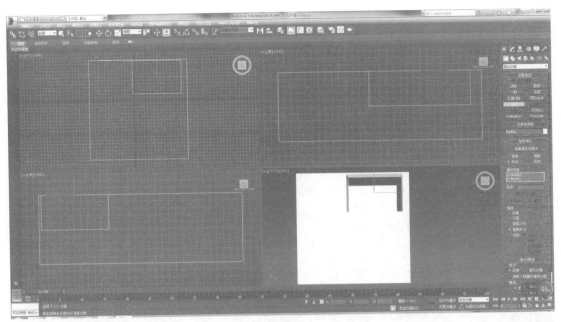

图2-3-3

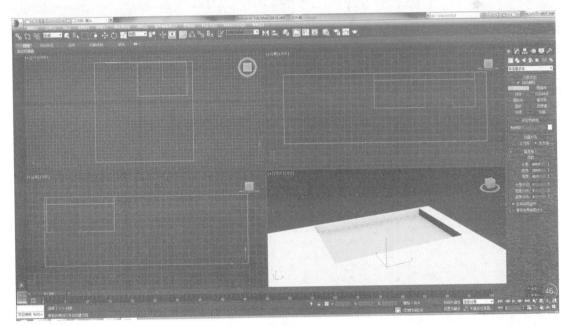

图2-3-4

步骤9：选定长方体C，单击"将材质指定给选定对象"按钮，将之前修改好的材质赋予长方体C。

步骤10：按数字键8，打开"环境和效果"对话框，在"环境"选项卡的"公用参数"卷展栏的"背景"选项组中，设置"环境贴图"的贴图属性为"位图"并选择给定素材"云彩.jpg"，如图2-3-9所示。

步骤11：单击"渲染产品"按钮，渲染出图，如图2-3-10所示。

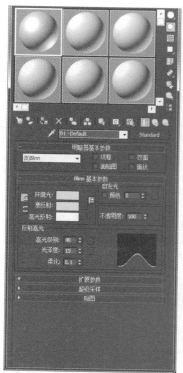

图2-3-5

图2-3-6

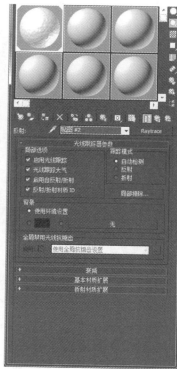

图2-3-7

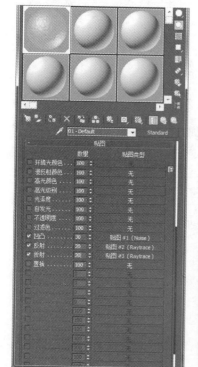

图2-3-8

图2-3-9

图2-3-10

中级案例四：
制作物体的卡通材质

02

一、实训目的

本案例通过制作物体的卡通材质，教会学生：
（1）选择卡通材质；
（2）设置不同明暗的卡通材质。

二、制作思路

创建物体，调用材质面板，设置卡通材质；设置卡通材质面板，完成卡通材质的渲染。

三、操作步骤

步骤1： 启动3ds Max 2014软件，创建一个新的场景文件，选择前视图，在命令面板中依次单击"创建"按钮、"几何体"按钮，选择几何体类型为"标准基本体"，在"对象类型"卷展栏中分别单击"平面体""圆柱体""球体""立方体""茶壶"按钮，并在前视图中创建这5个几何体；选择几何体类型为"扩展基本体"，选择在"对象类型"卷展栏中单击"环形结"按钮，创建环形结。调整这些几何体的位置，如图2-4-1所示。

步骤2： 选择卡通材质。选择一个材质球体，单击"Standard"按钮，如图2-4-2所示；打开"材质/贴图浏览器"对话框，选择"Ink'n Paint"，如图2-4-3所示；单击"确定"按钮，完成卡通材质的选择，如图2-4-4所示。

步骤3： 选择圆柱体，将Ink'n Paint材质赋予圆柱体，如图2-4-5所示。渲染后的效果如图2-4-6所示。

步骤4： 依次给各个几何体赋予卡通材质，如图2-4-7所示。渲染后的效果如图2-4-8所示。

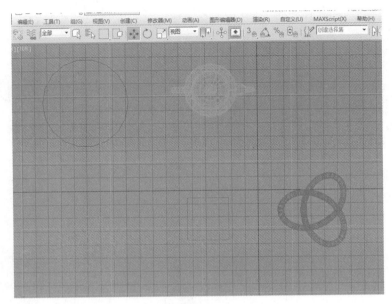

图2-4-1

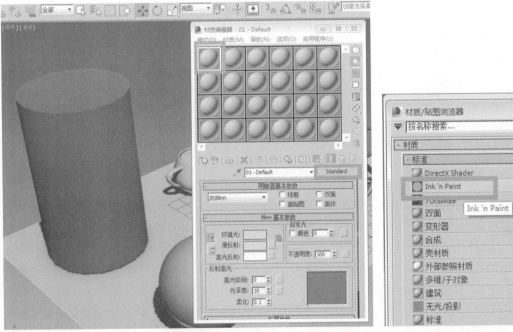

图2-4-2   图2-4-3

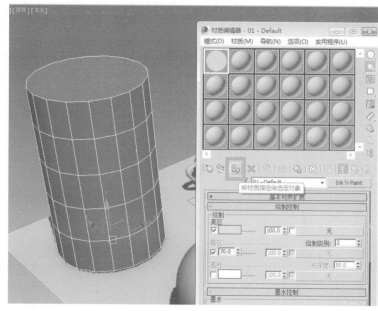

图2-4-4　　　　　　　　　　　　　图2-4-5

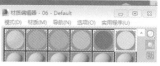

图2-4-6　　　　　　　　　　　图2-4-7　　　　　　　　　　图2-4-8

中级案例五：
制作学校校训石

一、实训目的

本案例通过制作学校校训石，教会学生：

（1）创建和编辑长方体及球体；

（2）创建和编辑文本；

（3）灵活选择、移动、隐藏、缩放对象；

（4）使用"挤出"和"FFD2×2×2""FFD4×4×4"修改器处理选中的对象；

（5）使用布尔运算制作凹陷文字。

二、制作思路

自然界石头的凹凸造型是对立统一的矛盾体，即阴阳相生，有凹就有凸。凹与凸在构成造型中，既是相互对立的，又是相辅相成的。制作校训石时将两者巧妙地交织成图案，借凹凸之间的对比来丰富造型，凹凸统一，从而有效地增强造型的立体感并刻画出细节。

三、操作步骤

1. 制作底座

步骤1： 启动3ds Max 2014软件，创建一个新的场景文件，在命令面板中依次单击"创建"按钮、"几何体"按钮，选择几何体类型为"标准基本体"，在"对象类型"卷展栏中单击"长方体"按钮，在顶视图的坐标原点处按住鼠标左键向外拖动，拖动一定距离后松开鼠标左键，即可绘制出一个长方体，如图2-5-1所示。

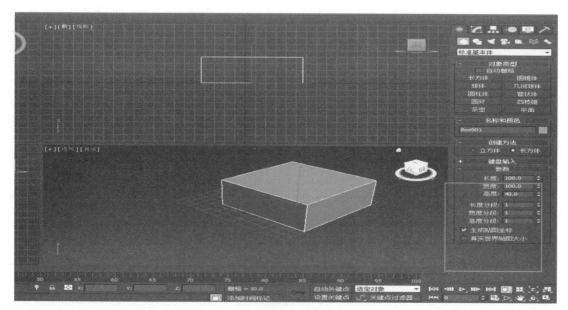

图2-5-1

步骤2：选中创建的长方体，在命令面板中单击"修改"按钮，切换到"修改"面板，在"修改器列表"中选择"FFD 2×2×2"，如图2-5-2所示。

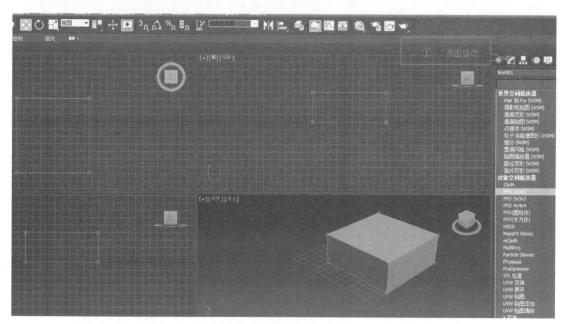

图2-5-2

步骤3：展开"FFD 2×2×2"修改器，选择"控制点"命令，在透视图中选择一个顶点，然后在顶视图中移动所选择的顶点，如图2-5-3所示。其他三个角的顶点坐标如图2-5-4、图2-5-5、图2-5-6所示。

步骤4：选择"选择并均匀缩放"，将物体压缩，如图2-5-7所示。

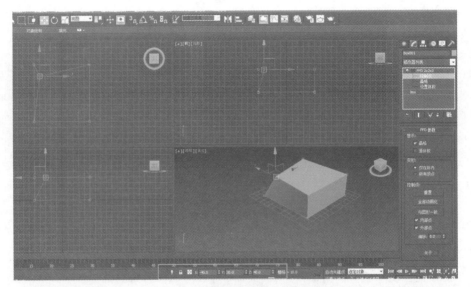

图2-5-3

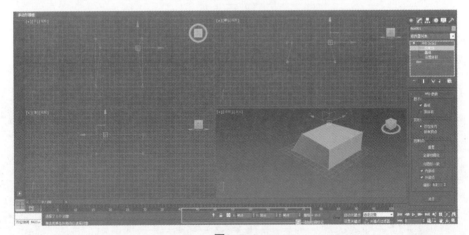

图2-5-4

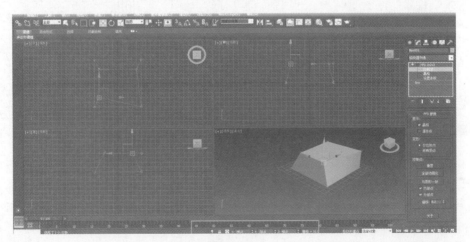

图2-5-5

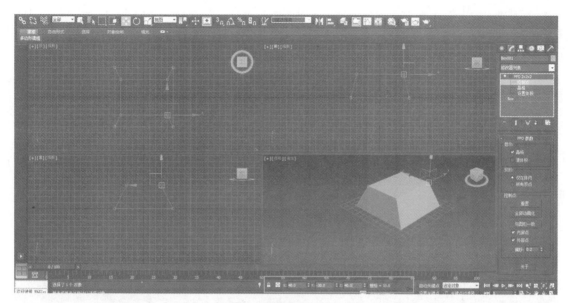

图2-5-6

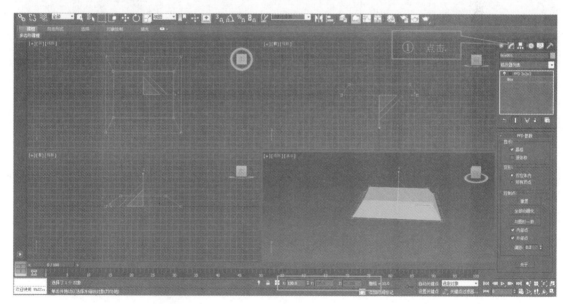

图2-5-7

2．制作校训石石身

步骤1：在顶视图中新建球体，设置相关参数，如图2-5-8所示。

步骤2：选中底座并单击鼠标右键，在弹出的快捷菜单中选择"隐藏选定对象"命令，将底座隐藏，如图2-5-9所示。

步骤3：选中物体，在"修改器中列表"中选择"FFD 4×4×4"，展开"FFD 4×4×4"修改器，单击"控制点"，如图2-5-10所示。

步骤4：在顶视图中选择前面的4个顶点，然后移动，使其与后面的顶点重合，如图2-5-11所示。

步骤5：选中物体并单击鼠标右键，在弹出的快捷菜单中选择"转换为"→"转换为可编辑多边形"命令，如图2-5-12所示。

步骤6：展开"可编辑多边形"菜单，单击"顶点"，在透视图中选择顶点或多边形，然后在透视图中移动所选择的点或边，如图2-5-13、图2-5-14所示。

步骤7：在顶视图中单击鼠标右键，在弹出的快捷菜单中选择"全部取消隐藏"命令，如图2-5-15、图2-5-16所示。

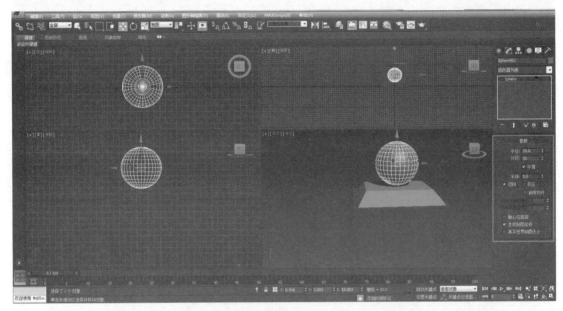

图2-5-8

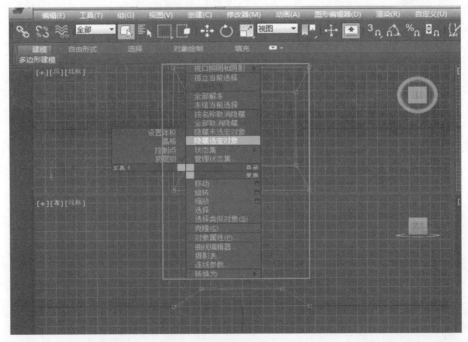

图2-5-9

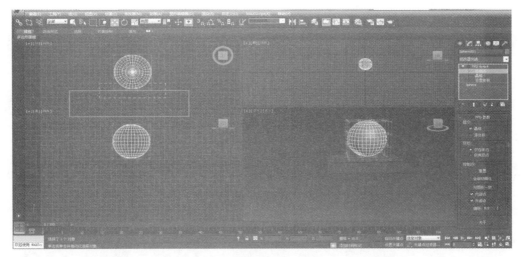

图2-5-10

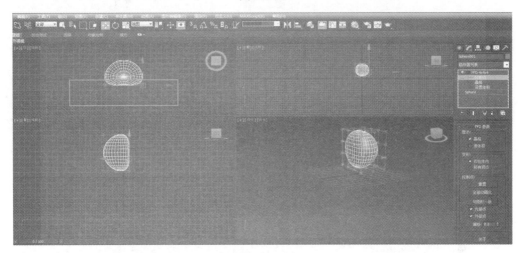

图2-5-11

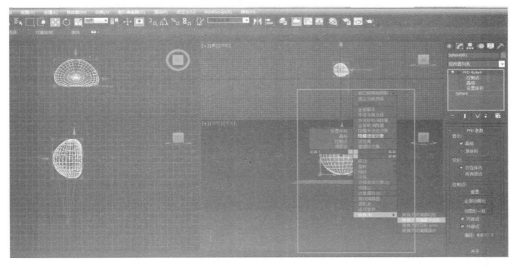

图2-5-12

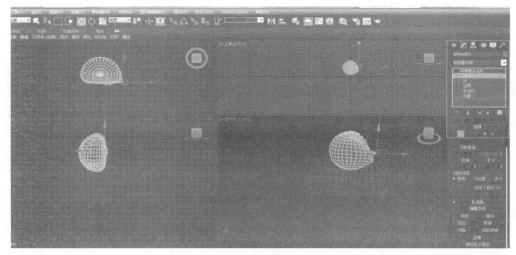

图2-5-13

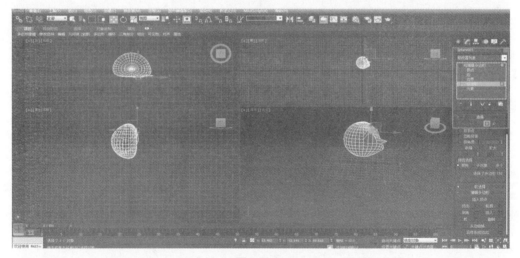

图2-5-14

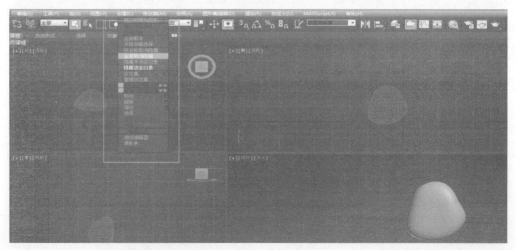

图2-5-15

图2-5-16

3. 赋予石身和底座材质

步骤1：单击主工具栏的"材质编辑器"按钮，在弹出的"材质编辑器"对话框中选择一个材质，如图2-5-17所示。

步骤2：单击"漫反射"右边的按钮，在弹出的"材质/贴图浏览器"对话框中选择"位图"，如图2-5-18所示，然后在打开的"选择位图图像文件"对话框中选择"石身贴图"，如图2-5-19所示。

步骤3：选中物体，单击"将材质指定给选择对象"按钮，如图2-5-20所示。单击"视口中显示明暗处理材质"按钮，将材质赋予石身，如图2-5-21所示。

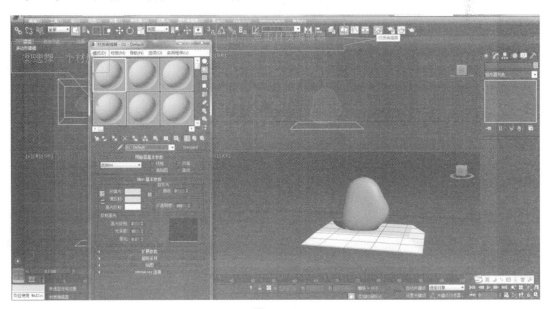

图2-5-17

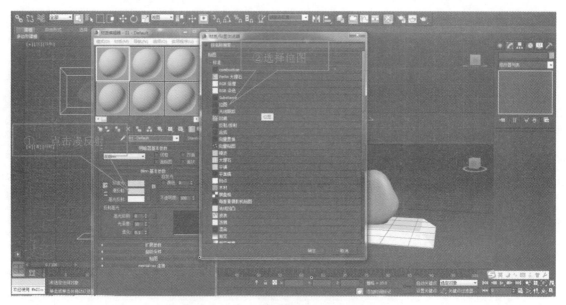

图2-5-18

图2-5-19

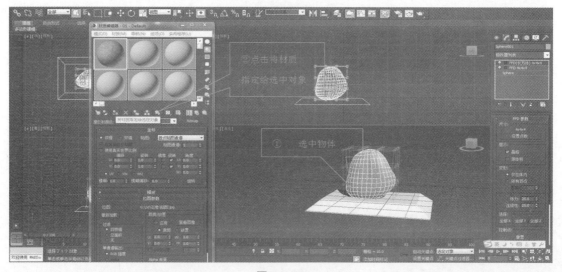

图2-5-20

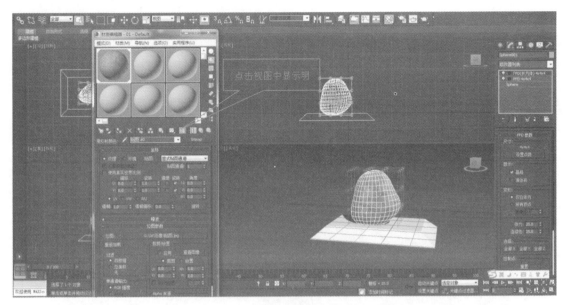

图2-5-21

步骤4：重新选择一个素材球，按照同样的方法将底座贴图（"底座大理石.jpg"）材质赋予底座，如图2-5-22所示。

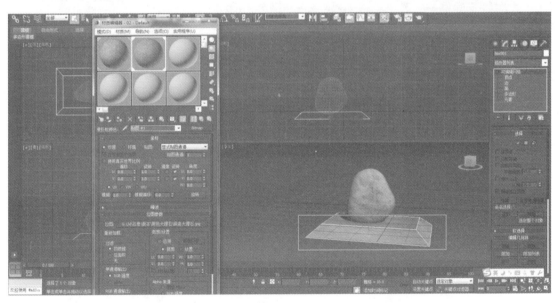

图2-5-22

4．为石身和底座添加文字

步骤1：在菜单栏中选择"创建"→"图形"→"文本"命令，如图2-5-23所示。

步骤2：在"参数"卷展栏中设置文本参数，如图2-5-24所示。

步骤3：在前视图中单击，出现上一步输入的文字，如图2-5-25所示，使用"选择并均匀缩放"工具调整字的比例，如图2-5-26所示。

步骤4：将字移动到合适位置，如图2-5-27所示。

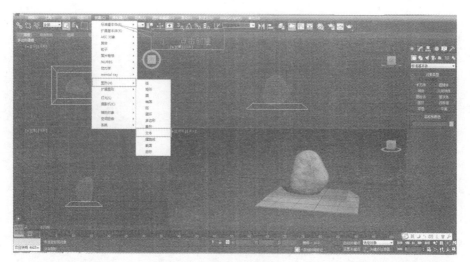

图2-5-23

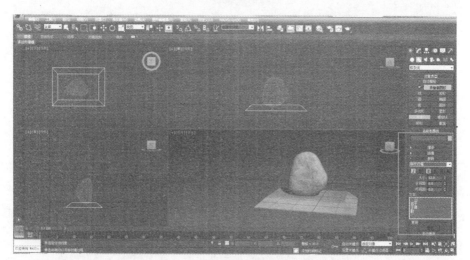

图2-5-24

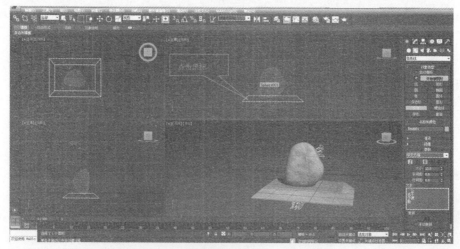

图2-5-25

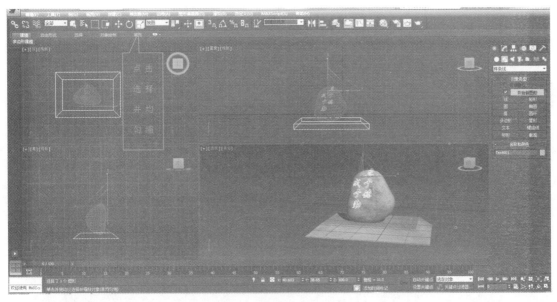

图2-5-26

5．制作凹陷字体

步骤1：选择"挤出"修改器为字体添加挤出效果，如图2-5-27所示。

步骤2：挤出参数设置如图2-5-28所示。

步骤3：选中底座，在"创建"面板中单击"几何体"按钮，设置几何体类型为"复合对象"，如图2-5-29所示。

步骤4：在"对象类型"卷展栏单击"布尔"按钮，在"拾取布尔"卷展栏中单击"拾取操作对象B"按钮，选中字体，进行布尔运算，如图2-5-30所示。最后效果如图2-5-31所示。

步骤5：用相同的方法制作底座字，最后效果如图2-5-32所示。

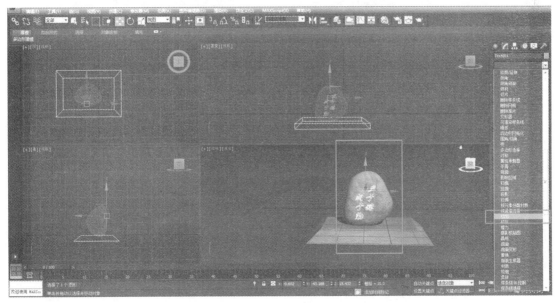

图2-5-27

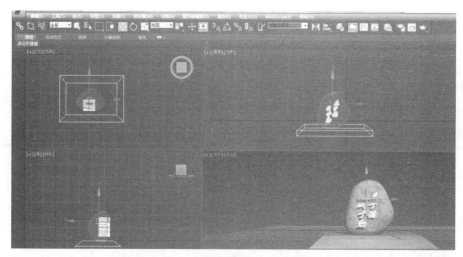

图2-5-28

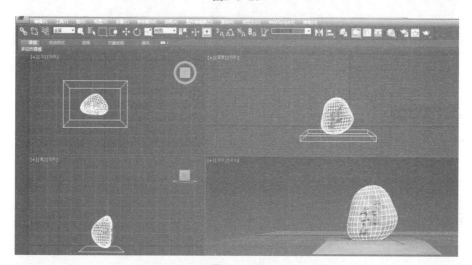

图2-5-29

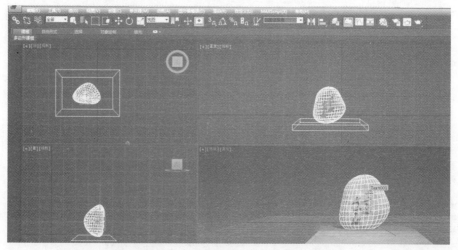

图2-5-30

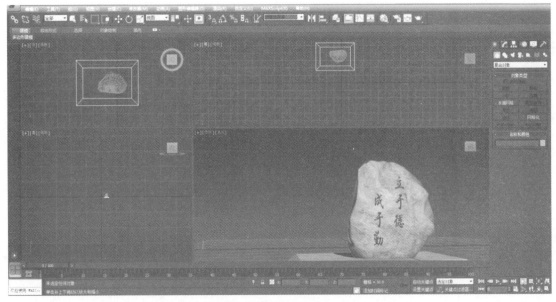

图2-5-31

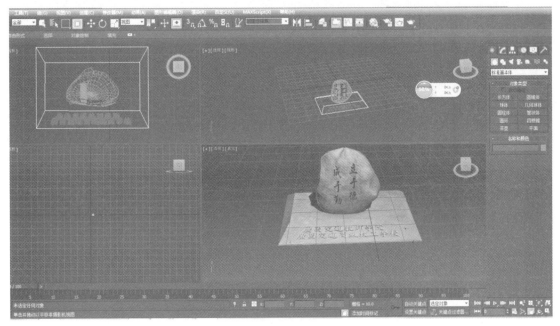

图2-5-32

高级案例一：
灯光基础操作

03

一、实训目的

本案例通过灯光基础操作，教会学生：
（1）创建和编辑泛光灯和聚光灯；
（2）根据场景需求，设置适宜的灯光参数；
（3）使用渲染器进行灯光效果输出。

二、制作思路

（1）在已有的场景内，设置位置适宜的泛光灯，需要根据光学原理进行调整；
（2）在已有的场景内，设置角度适宜的聚光灯，以达到突出目标的效果。

三、操作步骤

（一）泛光灯基础操作

1. 创建泛光灯

调出带托茶壶文件，为其架设两盏泛光灯。

步骤1：打开"茶壶泛光灯.max"文件，场景中有一个带底托的茶壶模型，默认系统内置的灯光照明，如图3-1-1所示。

步骤2：单击"创建"面板上的"灯光"按钮▣，设置灯光类型为"标准"，在"对象类型"卷展栏中单击"泛光"按钮，如图3-1-2所示。

| 图3-1-1 | 图3-1-2 |

步骤3：在顶视图的右上角处单击，创建一盏泛光灯（Omni001），这时系统默认灯光自动关闭；在前视图中茶壶上方中央位置单击，创建另一盏泛光灯（Omni002），完成后在场景空白处单击鼠标右键，退出灯光创建。按Ctrl+L快捷键，切换至灯光照明模式，如图3-1-3所示。

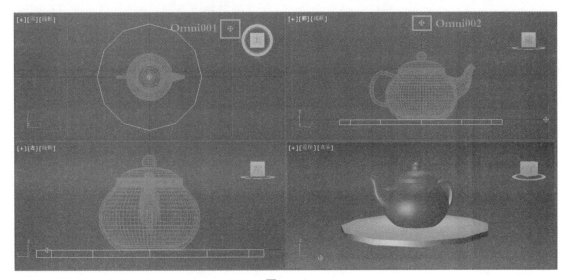

图3-1-3

2．调整灯光位置

使用移动工具调整泛光灯的位置，并同步观察透视图中模型的受光状态。

步骤1：单击工具栏中的"选择并移动"工具 ✥（或按W键），切换为位移方式。

步骤2：在前视图中单击选择泛光灯Omni002，并将其向左拖动至左上角，此时茶壶把手一侧被照亮，如图3-1-4所示。

步骤3：在前视图中单击选择泛光灯Omni001，并将其向左拖动至靠近茶壶嘴的位置，此时茶壶嘴一侧被照亮，如图3-1-5所示。

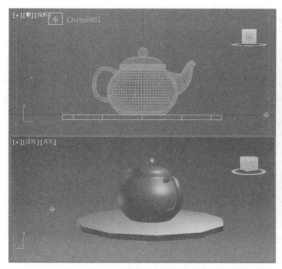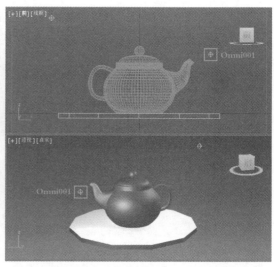

图3-1-4   图3-1-5

3．"放置高光"工具的使用

在3ds Max中，可以随意指定物体表面反光点的位置，相应的灯光会自动寻找其位置来进行照射。

利用"放置高光"工具将泛光灯Omni001的高光投射到茶壶嘴部，将泛光灯Omni002的高光点投射到茶壶把手靠上部。

步骤1：在顶视图中选择泛光灯Omni001，单击工具栏中的"对齐"按钮，在弹出的下拉菜单中选择"放置高光"工具，将鼠标光标移动到模型上，鼠标光标会变成图3-1-6所示形状。

图3-1-6

步骤2：在透视图中，按住鼠标左键会出现一个箭头，拖曳箭头光标至茶壶嘴部，释放鼠标左键完成操作，如图3-1-7所示。

图3-1-7

步骤3：选择泛光灯Omni002，选择"放置高光"工具 [ ]，在透视图中，按住鼠标左键拖曳光标至茶壶把手顶部，释放鼠标左键完成操作，如图3-1-8所示。

图3-1-8

步骤4：选择透视图，单击工具栏中的"渲染产品"按钮 [ ]，进行渲染，效果如图3-1-9所示。

图3-1-9

4．设置投影效果

步骤1：选择泛光灯Omni002，单击"修改"按钮切换至"修改"面板。

步骤2：在"常规参数"卷展栏中，勾选"阴影"选项组中的"启用"复选框，如图3-1-10所示。透视图场景中的模型效果如图3-1-11所示。

图3-1-10   图3-1-11

步骤3：选择泛光灯Omni001，切换至"修改"面板，在"常规参数"卷展栏中勾选"阴影"选项组中的"启用"复选框，真实灯光投影效果设置完毕，透视图场景渲染效果如图3-1-12所示。

图3-1-12

（二）聚光灯基础操作

调出悬空茶壶文件，进行聚光灯场景照明设置。

步骤1：打开"茶壶聚光灯.max"文件，场景中有一只茶壶悬浮在空间中，如图3-1-13所示。

步骤2：单击"创建"面板上的"灯光"按钮，设置灯光类型为"标准"，在"对象类型"卷展栏中单击"目标聚光灯"按钮，如图3-1-14所示。

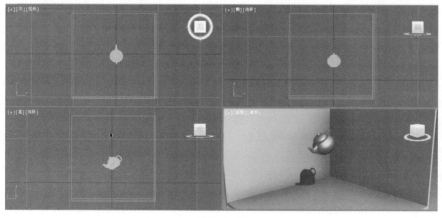

图3-1-13

图3-1-14

步骤3：在顶视图左上部单击，确定聚光灯的投射点，按住鼠标左键不放，向右下方拖动鼠标，直到右方的墙面为止，释放鼠标左键，完成聚光灯的创建，如图3-1-15所示。

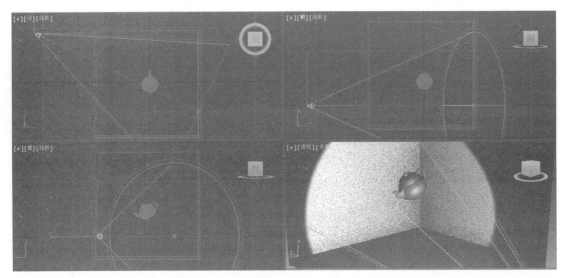

图3-1-15

步骤4：在顶视图中，从上部中央位置向下创建另一盏聚光灯，如图3-1-16所示。

步骤5：在左视图中，使用"选择并移动"工具 分别调整两盏聚光灯的投射点和目标点的位置，如图3-1-17所示。

步骤6：选择透视图，单击工具栏中的"渲染产品"按钮 进行渲染，效果如图3-1-18所示。

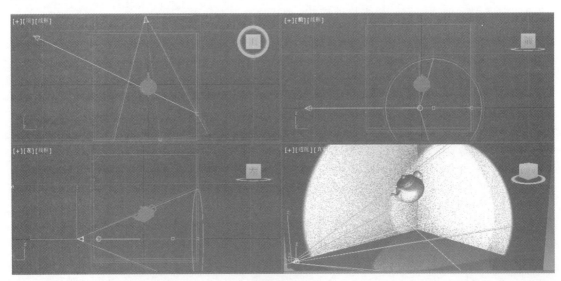

图3-1-16

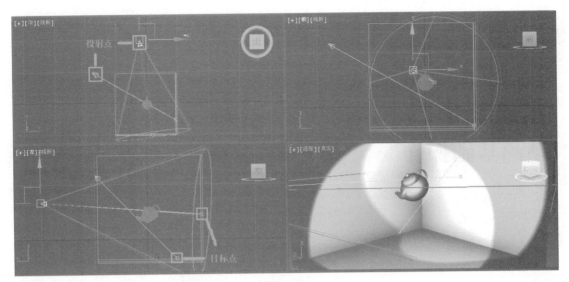

图3-1-17

图3-1-18

高级案例二：
动画基础操作

一、实训目的

本案例通过动画基础操作，教会学生：
（1）正确操作动画关键帧设置；
（2）根据需求，设置适宜的各项动画参数；
（3）在透视图中播放最终动画效果。

二、制作思路

（1）利用"旋转"命令，进行动画模型的关键帧设置；
（2）在已有的场景内，设置适宜的移动路径，并利用虚拟对象绑定操作，完成动画效果。

三、操作步骤

（一）动画基础操作——旋转的足球

步骤1：打开"足球.max"文件，场景中有一个足球模型，如图3-2-1所示。

步骤2：单击选择足球模型，然后单击"时间尺"下方的"自动关键点"按钮，然后将时间滑块拖曳到第100帧，如图3-2-2所示。

步骤3：单击工具栏中的"选择并旋转"按钮，切换为旋转方式，在状态栏中设置Z轴坐标为-5 000，如图3-2-3所示。

步骤4：单击"播放动画"按钮 ▶ 在视图中预览足球旋转效果。

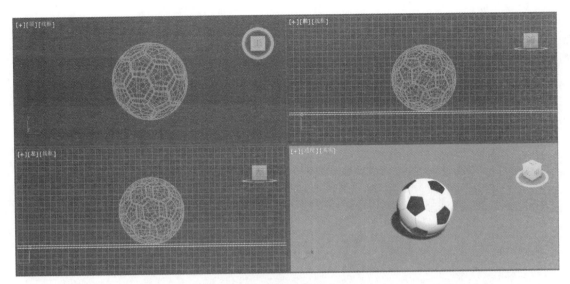

图3-2-1

图3-2-2

图3-2-3

（二）基础动画——沿线路移动的足球

延续上一个项目操作，即创建了旋转的足球动画之后，设置足球沿着一条路径移动。

1. 创建路径和虚拟体

步骤1：在旋转足球模型文件场景内选择顶视图，如图3-2-4所示。

图3-2-4

步骤2：单击命令面板上的"创建"按钮█️，然后单击"图形"按钮█️，设置图形类型为"样条线"，在"对象类型"卷展栏中单击"线"按钮，如图3-2-5所示。

步骤3：创建一条曲线（可随意设置），如图3-2-6所示。

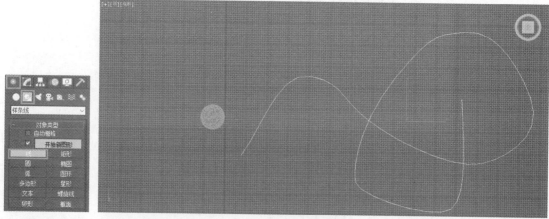

图3-2-5   图3-2-6

步骤4：单击"创建"面板上的"辅助对象"按钮█️，在"对象类型"卷展栏中单击"虚拟对象"按钮，如图3-2-7所示。

步骤5：在顶视图中创建一个虚拟对象，如图3-2-8所示。

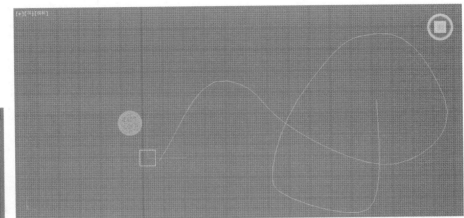

图3-2-7　　　　　　　　　　　　　　　　图3-2-8

2．指定路径控制器

步骤1：单击"运动"按钮，进入"运动"面板，展开"指定控制器"卷展栏，选择"位置"选项，如图3-2-9所示。

步骤2：单击"指定控制器"卷展栏中的"指定控制器"按钮，在弹出的"指定位置控制器"对话框中选择

图3-2-9　　　　　　图3-2-10　　　　　　图3-2-11

"路径约束"选项，单击"确定"按钮，如图3-2-10所示。

步骤3：向上滑动命令面板，单击"路径参数"卷展栏中的"添加路径"，如图3-2-11所示，在视图中单击曲线路径，此时虚拟对象被放置到路径的起点上。

步骤4：选择透视图，拖动时间滑块可以发现虚拟对象在沿着曲线移动，如图3-2-12所示。

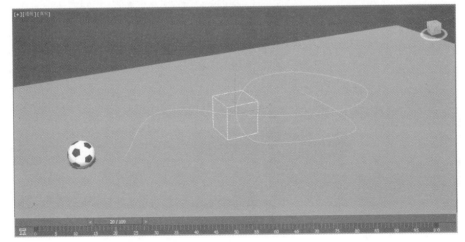

图3-2-12

3．链接足球到虚拟对象

步骤1：将时间滑块恢复到第0帧，选择足球模型，单击工具栏中的"选择并链接"按钮，在透视图中单击，然后按住鼠标左键，从足球牵引虚线至虚拟对象上，释放鼠标左键时完成两者之间的链接操作（虚拟对象会闪烁一下，表示链接完毕），如图3-2-13所示。

步骤2：播放动画，足球已经可以沿着路径移动，选择足球，在"运动"面板中单击"轨迹"按钮，视图中显示出足球的运动轨迹，如图3-2-14所示。

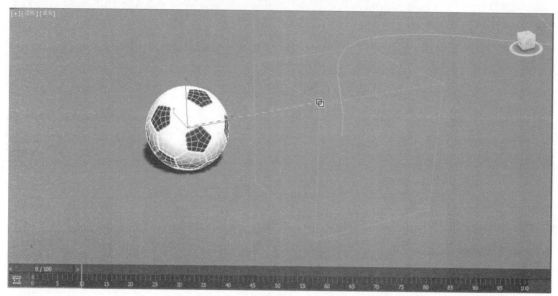

图3-2-13

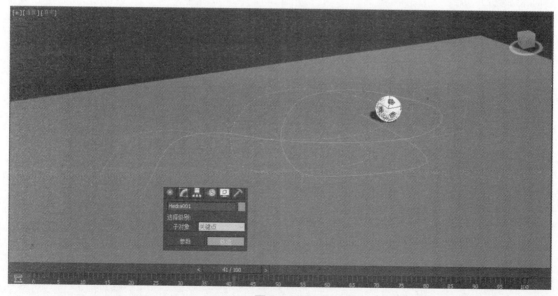

图3-2-14

高级案例三:
制作武士角色模型

【03】

一、实训目的

本案例通过制作武士角色模型,教会学生:

（1）创建和编辑多边形制作动漫人物造型;

（2）使用Photoshop绘制贴图;

（3）使用Biped骨骼系统制作动画;

（4）分布灯光;

（5）渲染动画片。

二、制作思路

用多边形建模方式制作武士模型,通过多边形属性调整造型,使用Photoshop绘制贴图,使用Biped系统制作角色运动的动画,配合场景添加灯光渲染成完整动画片。

三、操作步骤

1. 制作头部模型

步骤1:打开3ds Max 2014软件,创建一个球体,并将其放置在世界坐标中心,如图3-3-1所示。

步骤2:单击球体模型,在"修改"面板为其添加"FFD（长方体）"修改器,如图3-3-2所示。

步骤3:开启"控制点"选项,在视图中用移动工具调整造型,如图3-3-3所示。

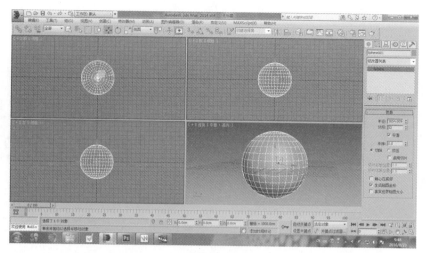

图3-3-1

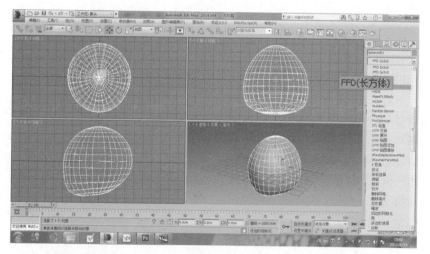

图3-3-2

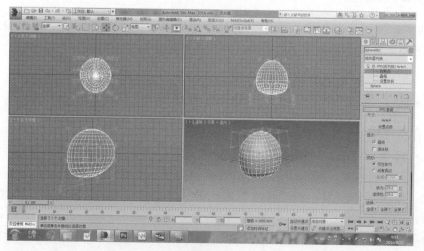

图3-3-3

步骤4：完成操作后，关闭"控制点"选项，在模型上单击鼠标右键，在弹出的快捷菜单中选择"转换为"→"转换为可编辑多边形"命令，如图3-3-4所示。

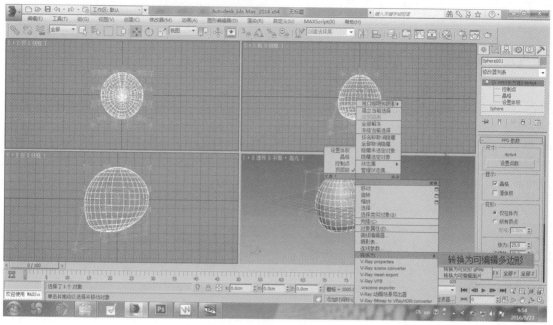

图3-3-4

步骤5：按数字键4，切换至"多边形"层级，框选头部模型最底层的模型处，如图3-3-5所示。

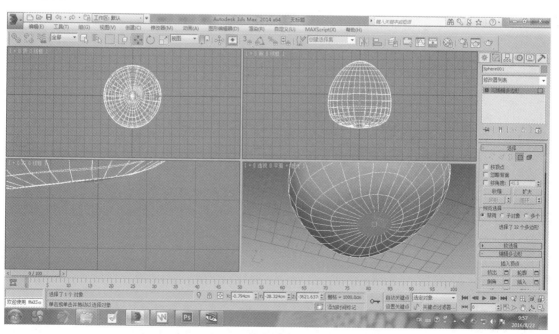

图3-3-5

步骤6：按Shift+E快捷键，将这组块面向下延伸挤出，如图3-3-6所示。

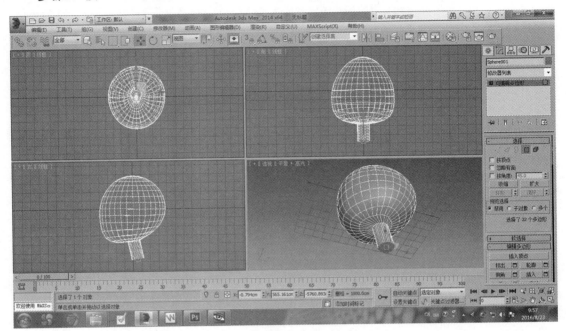

图3-3-6

步骤7：单击模型前端的两个块面，如图3-3-7所示。

步骤8：使用"挤出"功能将这两个块面向前延伸挤出，形成鼻子造型，如图3-3-8所示。

步骤9：按数字键2，切换到"线"层级，对模型的鼻子区域加入两列线条，如图3-3-9所示。

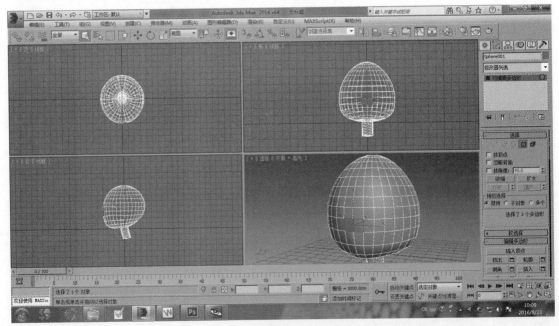

图3-3-7

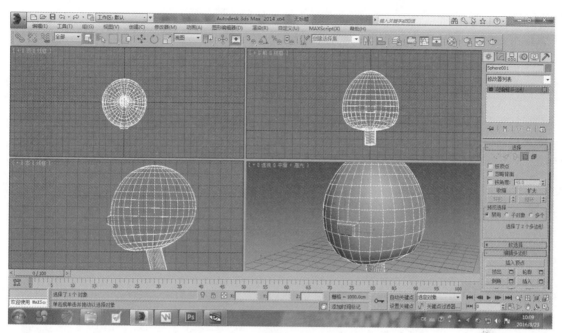

图3-3-8

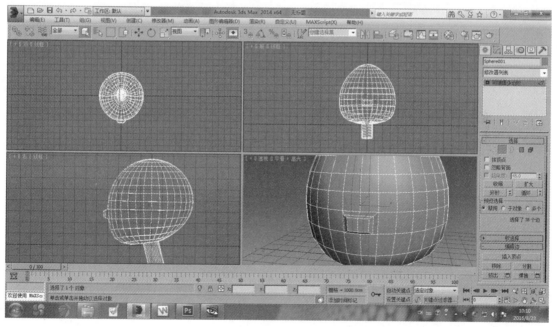

图3-3-9

步骤10：用同样方式在横线处加入一行线条，如图3-3-10所示。

步骤11：利用"顶点"层级和"线"层级，使用移动工具调整鼻子造型，让这个区域平滑，如图3-3-11所示。

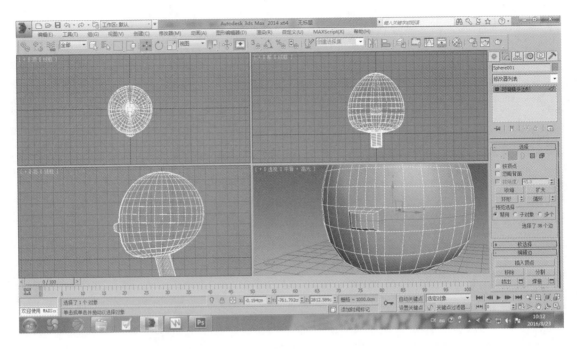

图3-3-10

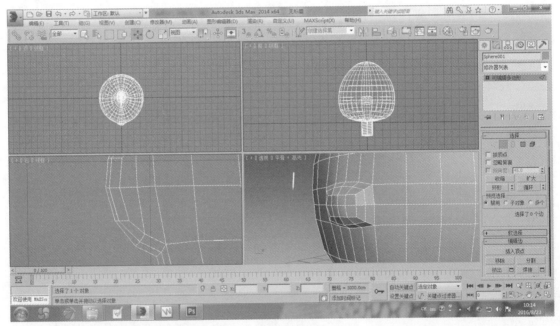

图3-3-11

2．制作躯干模型

步骤1：根据原画设定，测试出这个角色的身高有三个半头的高度，在透视图中，将三个长方体和半个长方体堆积，来定位角色的身高。在头部模型下方创建一个长方体，设置它的"宽度分段"与"高度分段"均为2，如图3-3-12所示。

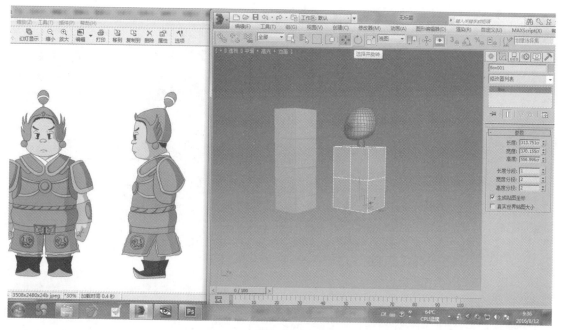

图3-3-12

步骤2：将这个身体模型转换为可编辑多边形，切换至"顶点"层级，选择左半部分顶点，如图3-3-13所示。

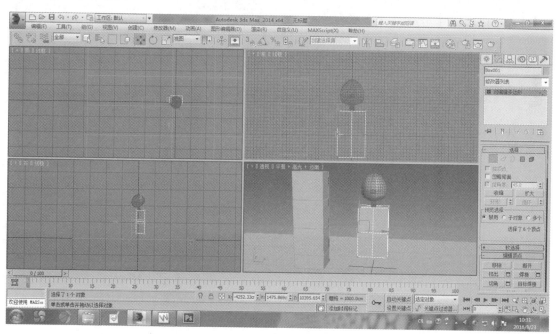

图3-3-13

步骤3：删除左半部分顶点后模型内部是空心的，如图3-3-14所示。

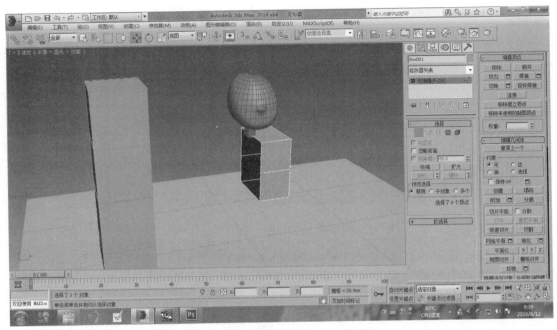

图3-3-14

步骤4： 关闭顶点选项，使用镜像工具，将模型实例方式复制，如图3-3-15所示。

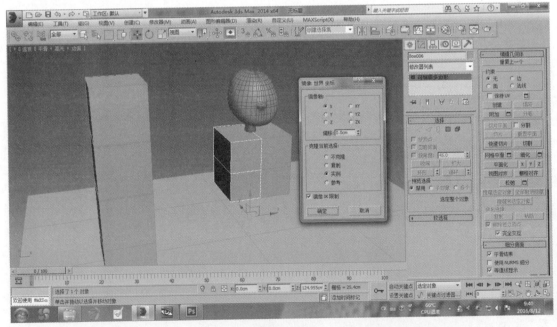

图3-3-15

步骤5： 给身体模型加入一列线，如图3-3-16所示。

步骤6： 调整线段的位置，如图3-3-17所示。

步骤7： 用挤出方式把腿、脚部分的模型延伸挤出，如图3-3-18所示。

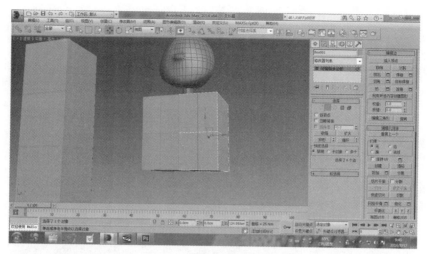

图3-3-16

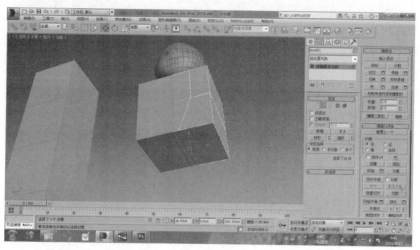

图3-3-17

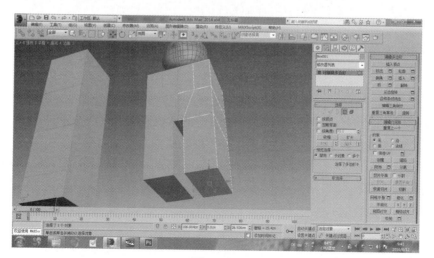

图3-3-18

步骤8：根据原画设定，调整造型，如图3-3-19所示。

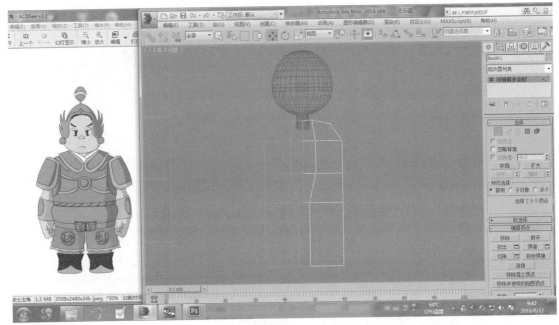

图3-3-19

步骤9：用加线工具为脚部和腿部添加线段，一段为膝盖中心关节，一段为脚踝关节，如图3-3-20所示。

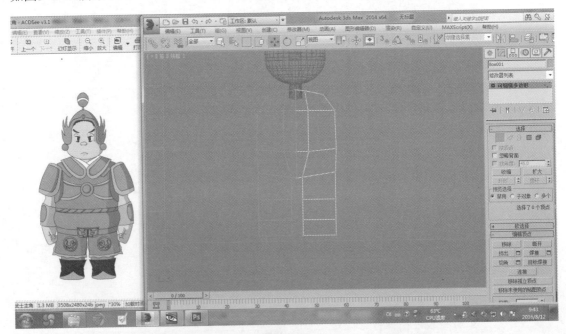

图3-3-20

步骤10：调整角色模型侧面状态，如图3-3-21所示。

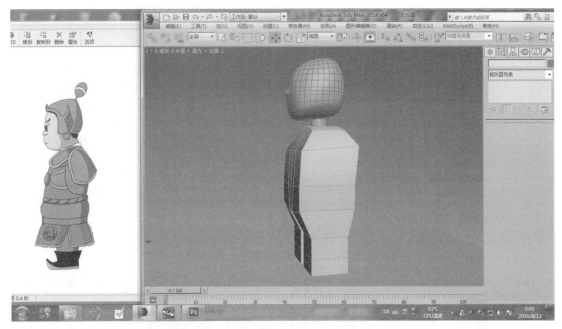

图3-3-21

步骤11：根据设定，用挤出方式制作出靴子的脚尖部分，如图3-3-22所示。

步骤12：为身体模型加入一列贯穿前后的线段，如图3-3-23所示。

步骤13：腿、脚内侧也要添加线段，如图3-3-24所示。

步骤14：使用"顶点"层级，对身体模型进行调整，如图3-3-25所示。

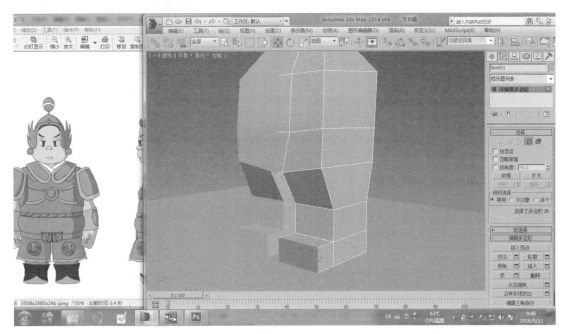

图3-3-22

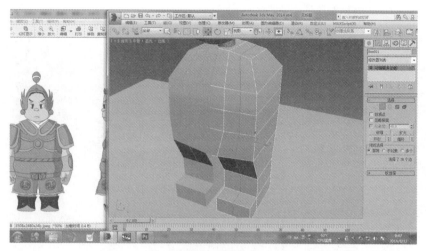

图3-3-23

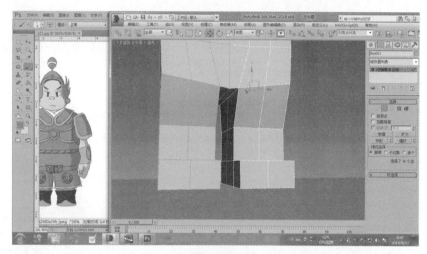

图3-3-24

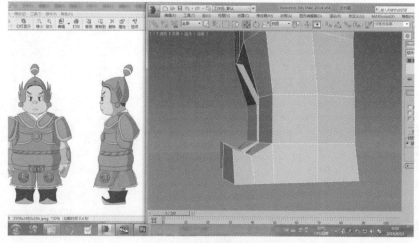

图3-3-25

步骤15：调整靴子脚尖造型，尽可能匹配原画的造型，如图3-3-26所示。

步骤16：在靴子底部加入一段线，如图3-3-27所示。

步骤17：调整角色模型的背后，将线条调整流畅，线与线之间的距离基本均等，如图3-3-28所示。

步骤18：单击手臂起始端块面模型，如图3-3-29所示。

步骤19：使用挤出功能，将手臂模型延伸向外挤出，如图3-3-30所示。

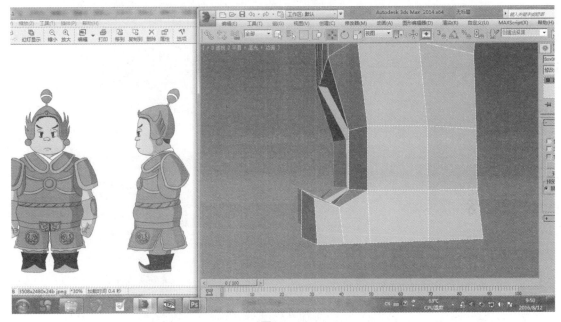

图3-3-26

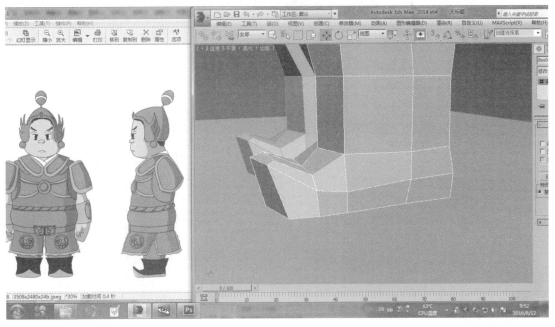

图3-3-27

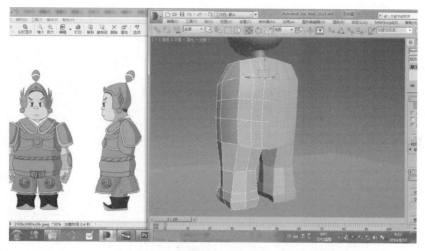

图3-3-28

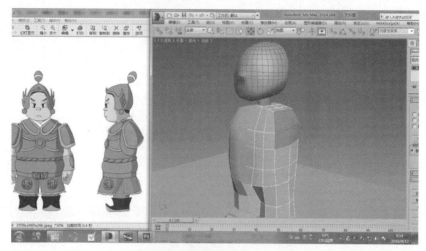

图3-3-29

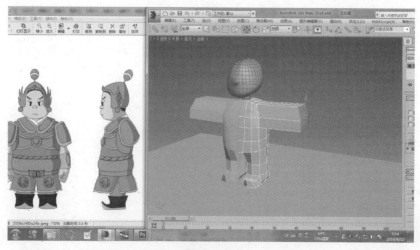

图3-3-30

步骤20：在手臂中段加入一列线条，表示肘关节，如图3-3-31所示。

步骤21：多角度观察手臂模型，调整腋窝下的线条，如图3-3-32所示。

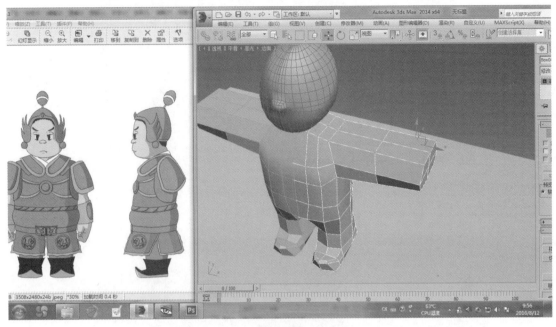

图3-3-31

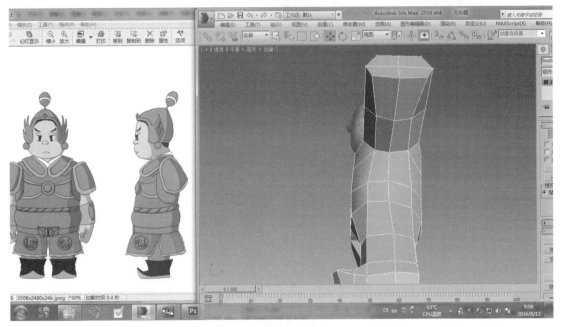

图3-3-32

步骤22：进一步调整手臂造型，如图3-3-33所示。

步骤23：制作斜方肌模型，将身体的顶部块面向上挤出，如图3-3-34所示。

步骤24：使用"顶点"层级，将斜方肌模型调整出肩膀形状，如图3-3-35所示。

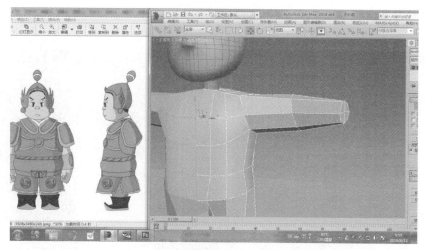

图3-3-33

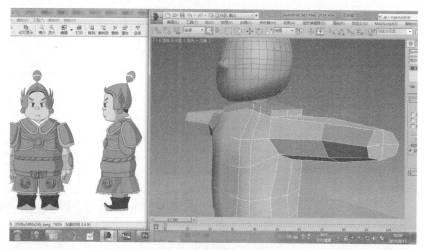

图3-3-34

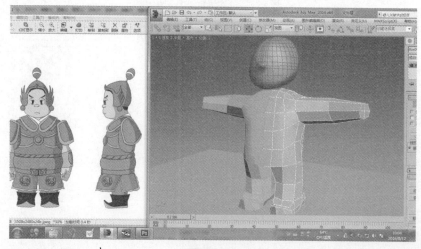

图3-3-35

步骤25：将脖子接口处的模型删除，如图3-3-36所示。

步骤26：将身体模型透明化，将头部的脖子模型放大加粗，如图3-3-37所示。

步骤27：框选两模型，赋予其一个灰色默认材质，命名这个材质为"基础材质"，如图3-3-38所示。

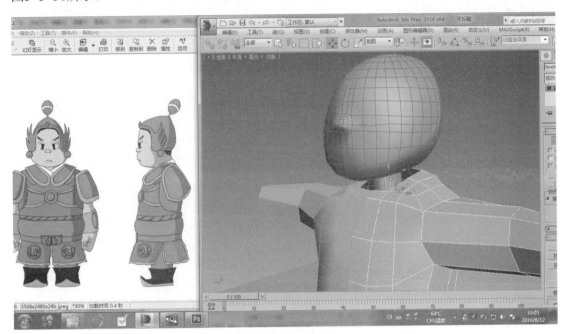

图3-3-36

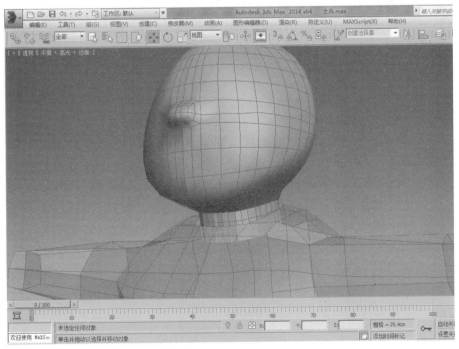

图3-3-37

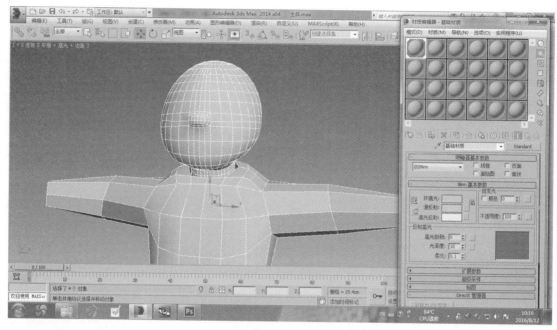

图3-3-38

3．制作手掌模型

步骤1：单击手腕部分的块面模型，如图3-3-39所示。

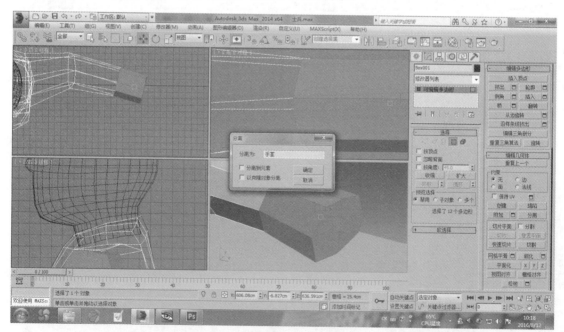

图3-3-39

步骤2：向外延伸挤出手掌模型，如图3-3-40所示。

步骤3：将这个手掌模型独立分离出来，如图3-3-41所示。

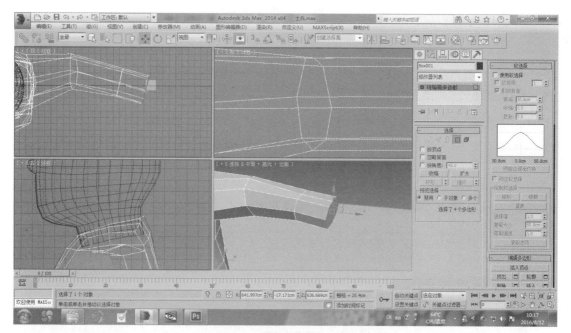

图3-3-40

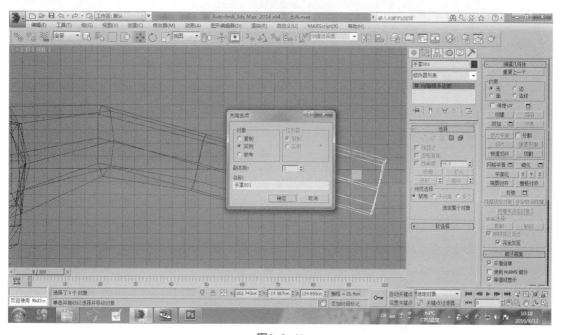

图3-3-41

步骤4：切换至"顶点"层级，用"移动"工具修整独立手掌模型错乱的顶点，如图3-3-42所示。

步骤5：将多余的边线移除，原为六边形，现在移除上、下两条线后变成四变形，如图3-3-43所示。

步骤6：进入"线"层级，在模型前端，加入三段中垂线，如图3-3-44所示。

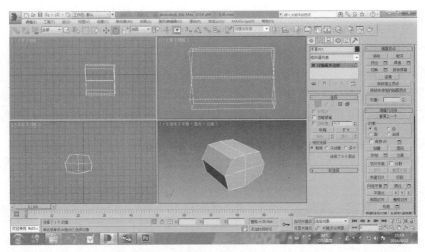

图3-3-42

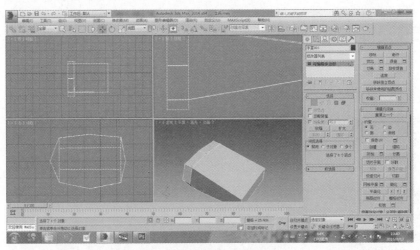

图3-3-43

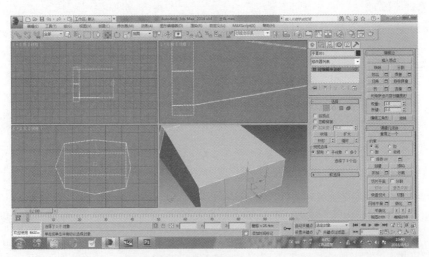

图3-3-44

步骤7：使用挤出功能，向外延伸挤出四根手指，如图3-3-45所示。

步骤8：调整四根手指的造型，如图3-3-46所示。

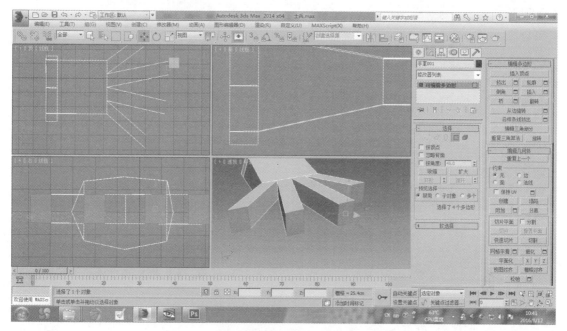

图3-3-45

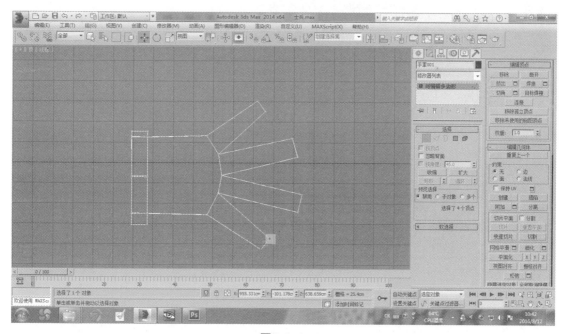

图3-3-46

步骤9：在手掌中心部位加入一条中线，如图3-3-47所示。

步骤10：在手掌模型侧面，单击中间的块面，向外挤出一小段距离，如图3-3-48所示。

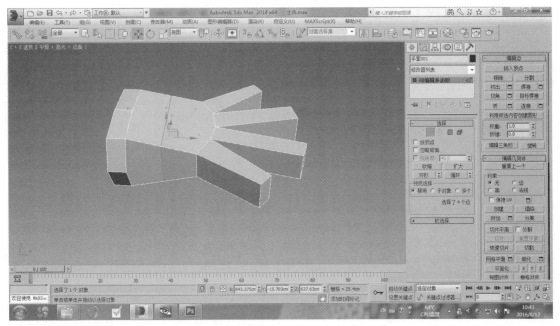

图3-3-47

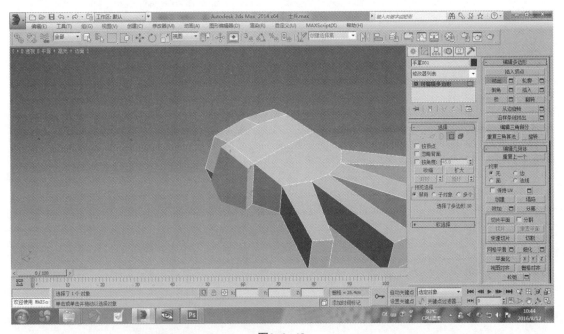

图3-3-48

步骤11：利用"顶点"层级和移动工具，对这个新挤出的块面进行修整，调整成近似正方形的截面，如图3-3-49所示。

步骤12：用挤出功能，把块面向外挤出，制作出大拇指形状，如图3-3-50所示。

步骤13：在顶视图中调整大拇指造型，如图3-3-51所示。

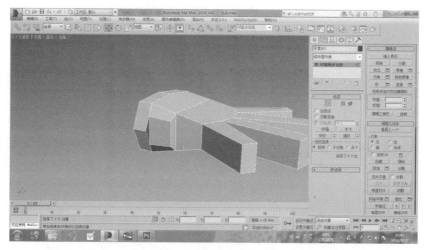

图3-3-49

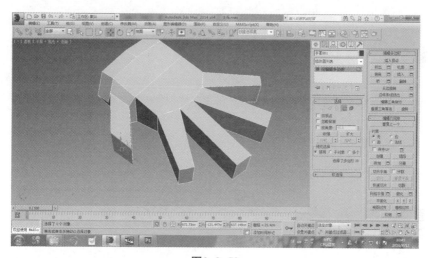

图3-3-50

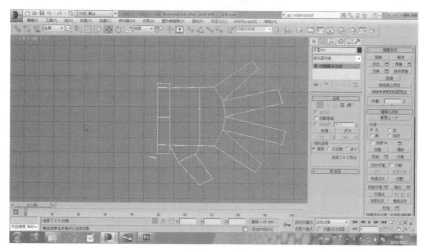

图3-3-51

步骤14： 单击每只手指指尖上部的横线条，如图3-3-52所示。

步骤15： 将线条向下移动，调整手指的粗细，如图3-3-53所示。

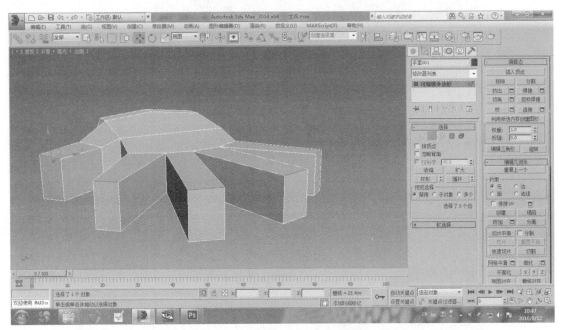

图3-3-52

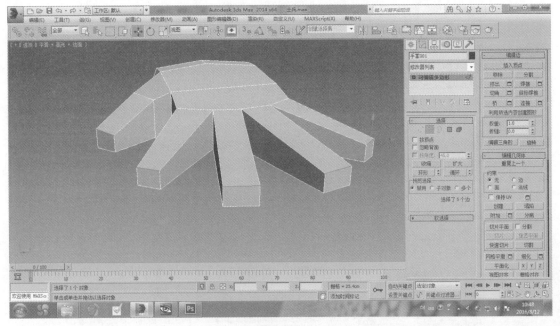

图3-3-53

步骤16： 选择手指上的竖段线条，如图3-3-54所示。

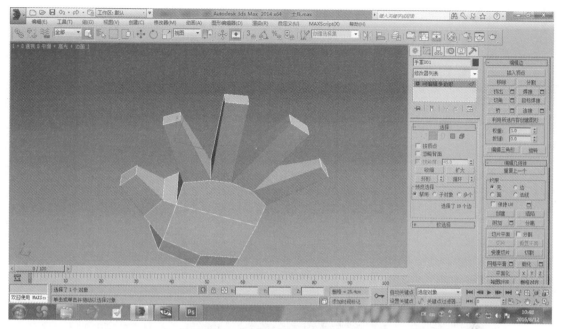

图3-3-54

步骤17：按Ctrl+Shift+E快捷键，给这些手指加入两条中间线，如图3-3-55所示。

步骤18：将手背模型的线连接起来，避免出现多段块面，如图3-3-56所示。

步骤19：在手掌横向位置加入中间水平线，如图3-3-57所示。

步骤20：完成手掌模型后，将它显示出来，如图3-3-58所示。

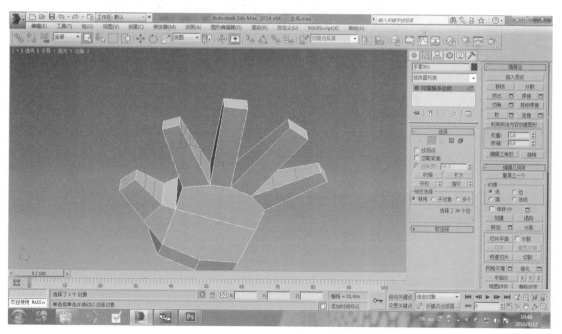

图3-3-55

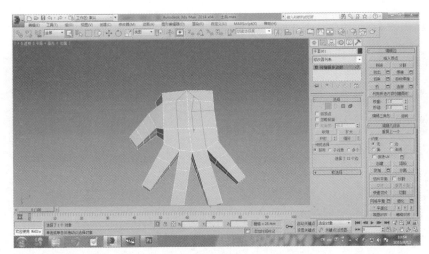

图3-3-56

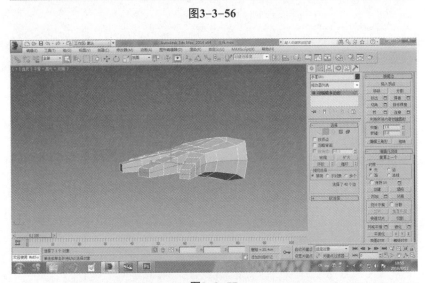

图3-3-57

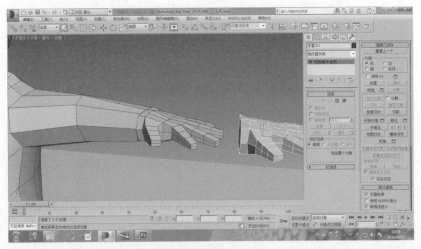

图3-3-58

步骤21：将手掌模型附加到身体模型，如图3-3-59所示。

步骤22：在"顶点"层级单击鼠标右键，在弹出的快捷菜单中选择"目标焊接"命令，将手腕的顶点逐一焊接，如图3-3-60所示。

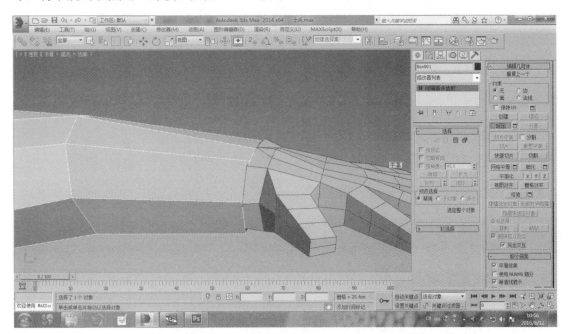

图3-3-59

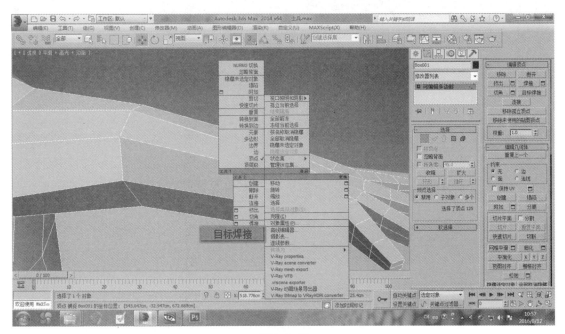

图3-3-60

步骤23：整体观察，模型手掌左、右已经对齐，如图3-3-61所示。

步骤24：为身体模型加入"网格平滑"，如图3-3-62所示。

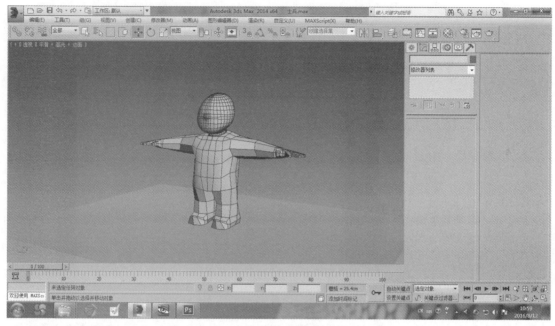

图3-3-61

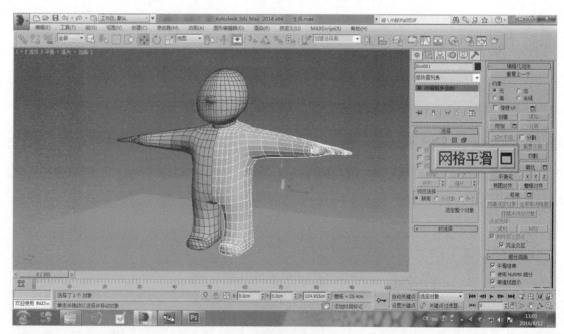

图3-3-62

4．制作道具模型

步骤1：单击选择腿部的块面，如图3-3-63所示。

步骤2：将这个面组复制延伸出来并且命名，如图3-3-64所示。

步骤3：调整模型造型，如图3-3-65所示。

步骤4：将这块裙摆模型对称复制，如图3-3-66所示。

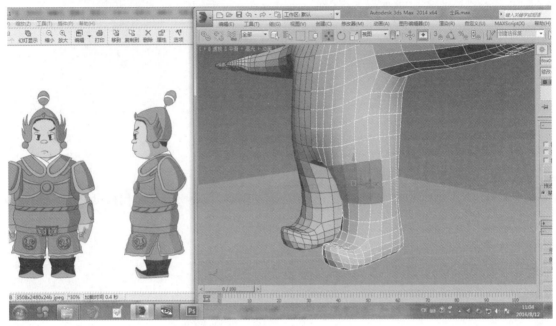

图3-3-63

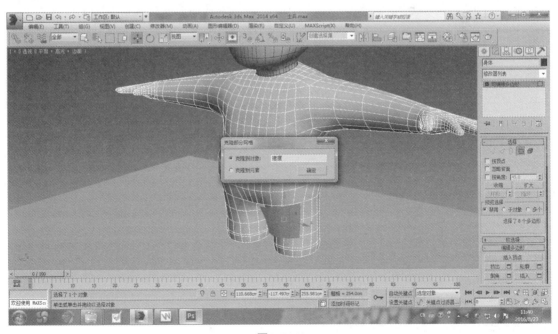

图3-3-64

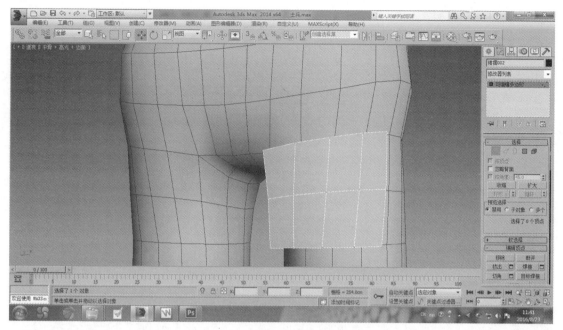

图3-3-65

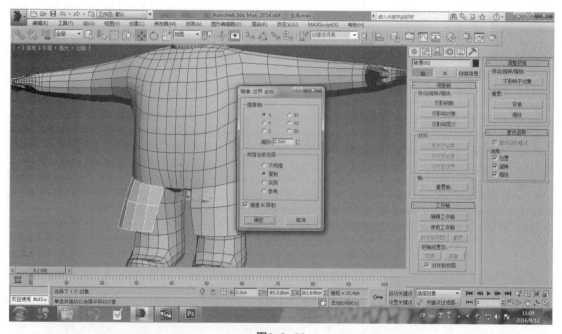

图3-3-66

步骤5: 选择角色背后部分模型,如图3-3-67所示。

步骤6: 将模型复制延伸出来并且重命名,如图3-3-68所示。

步骤7: 根据原画设定调整裙摆造型,如图3-3-69所示。

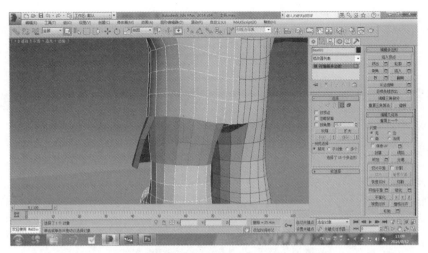

图3-3-67

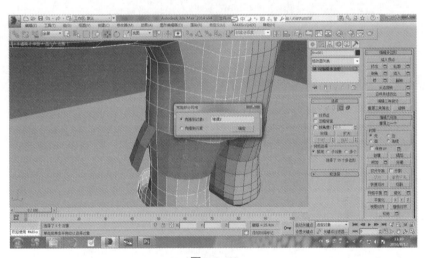

图3-3-68

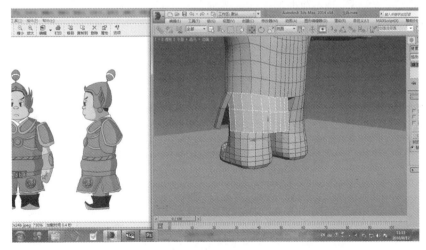

图3-3-69

步骤8：选择靴子造型，如图3-3-70所示。

步骤9：将这个模型分离出来并重命名，如图3-3-71所示。

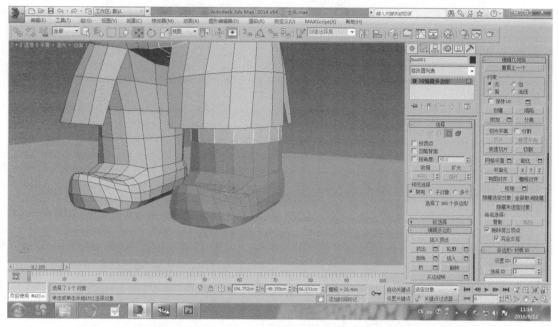

图3-3-70

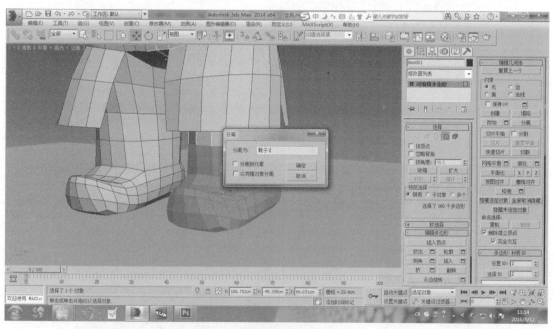

图3-3-71

步骤10：对靴子模型使用"镜像"工具以实例方式进行复制，如图3-3-72所示。

步骤11：调整靴子口的大小，如图3-3-73所示。

步骤12：加大靴子口的边缘，如图3-3-74所示。

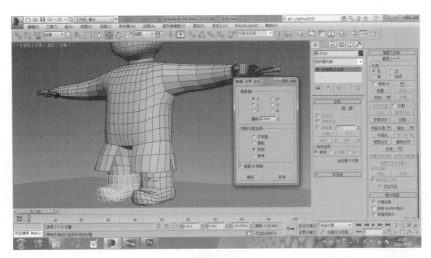

图3-3-72

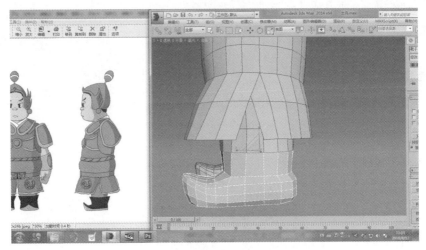

图3-3-73

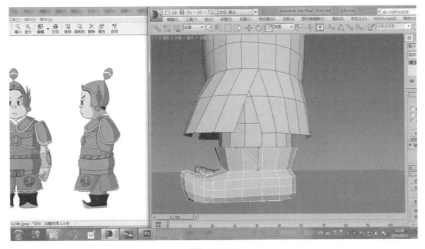

图3-3-74

步骤13：加入一条中间线，缓和模型的弯曲度，如图3-3-75所示。

步骤14：整体观察模型，如果有不足之处可以进行微调，如图3-3-76所示。

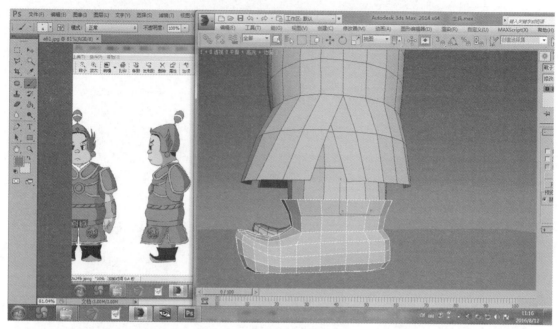

图3-3-75

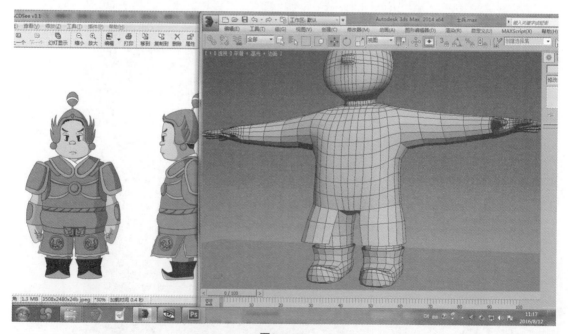

图3-3-76

步骤15：在角色模型肚皮的部位加入两条水平方向的线段，如图3-3-77所示。

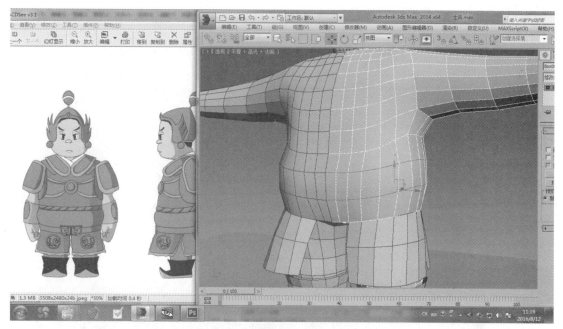

图3-3-77

步骤16：单击手臂肱二头肌上侧的模型块面，如图3-3-78所示。

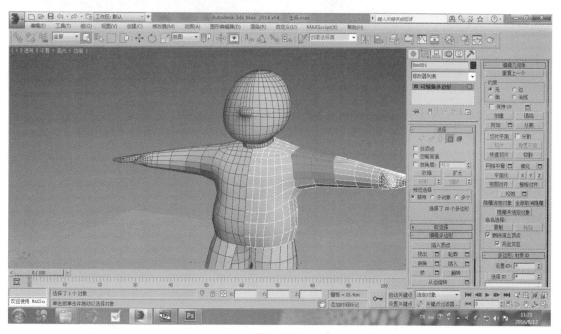

图3-3-78

步骤17：将这部分模型块面独立出来作为肩膀盔甲，如图3-3-79所示。

步骤18：给肩膀盔甲模型中间添加一条线段，调整模型弧度，如图3-3-80所示。

步骤19：使用"切角"功能将这条线破开成两条，如图3-3-81所示。

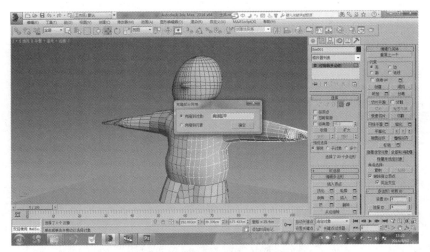

图3-3-79

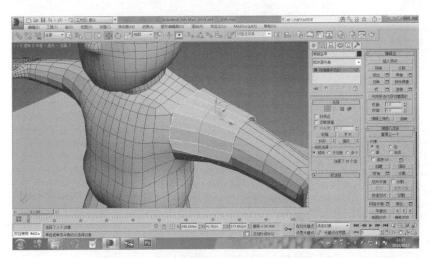

图3-3-80

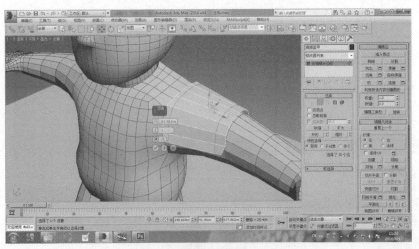

图3-3-81

步骤20：微调造型，如图3-3-82所示。

步骤21：使用"镜像"工具对肩膀盔甲模型进行复制，如图3-3-83所示。

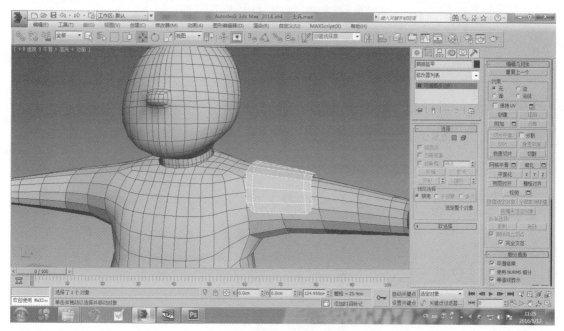

图3-3-82

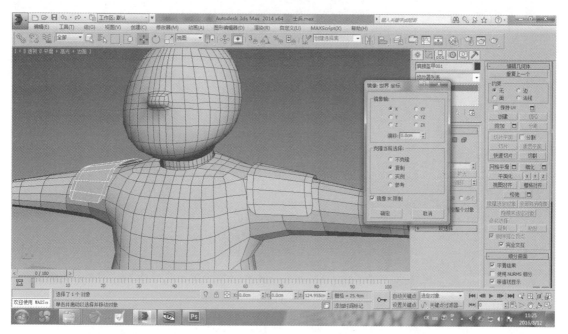

图3-3-83

步骤22：单击护腕部分模型块面，如图3-3-84所示。

步骤23：将护腕部分模型独立出来并重命名，如图3-3-85所示。

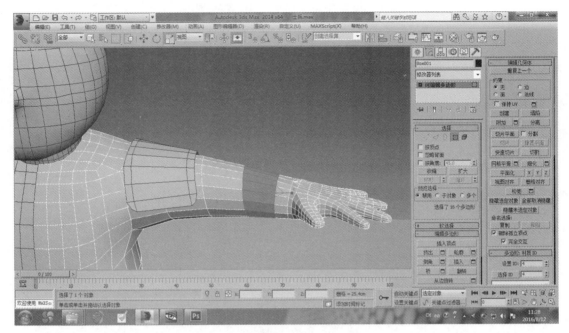

图3-3-84

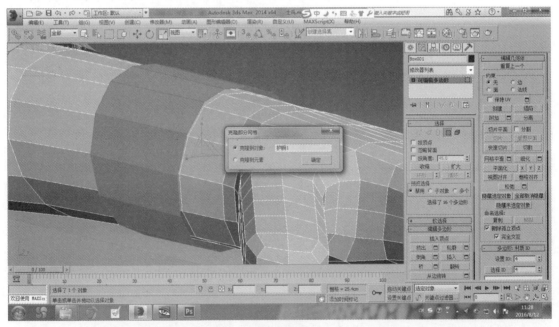

图3-3-85

步骤24：使用"连接"功能，给手腕中心添加4条中心线，如图3-3-86所示。

步骤25：选择头部模型，框选出头盔的位置，如图3-3-87所示。

步骤26：根据原画设定框选头盔块面，如图3-3-88所示。

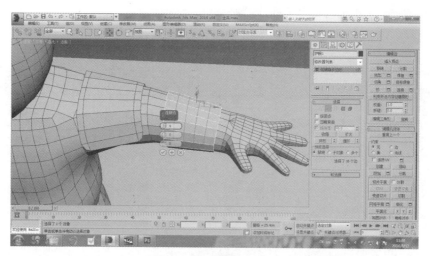

图3-3-86

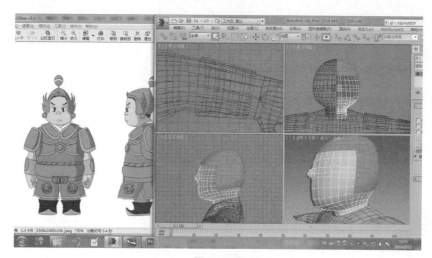

图3-3-87

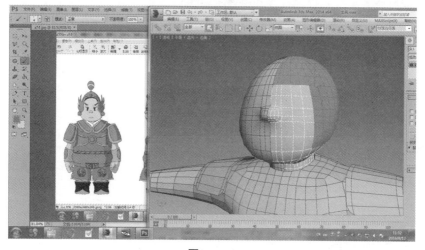

图3-3-88

步骤27：将头盔模型复制独立出来，如图3-3-89所示。

步骤28：使用"镜像"工具将模型以实例方式复制，如图3-3-90所示。

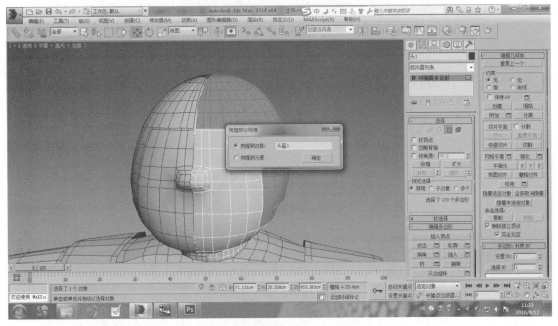

图3-3-89

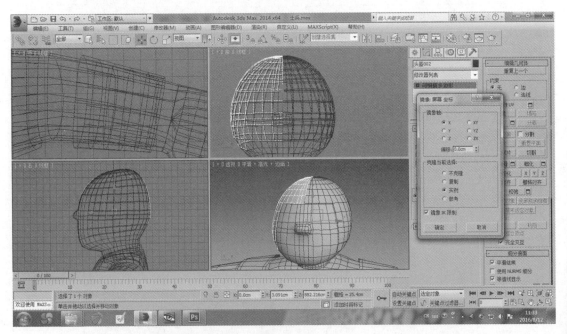

图3-3-90

步骤29：框选头盔边缘，如图3-3-91所示。

步骤30：将这部分边缘块面独立出来并且命名，如图3-3-92所示。

步骤31：制作头盔前缀边缘造型，利用"顶点"层级调整造型，如图3-3-93所示。

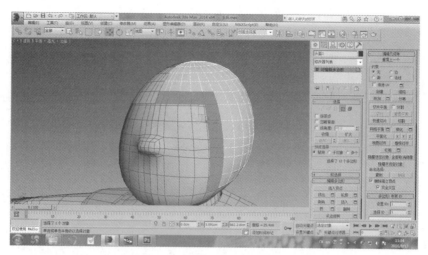

图3-3-91

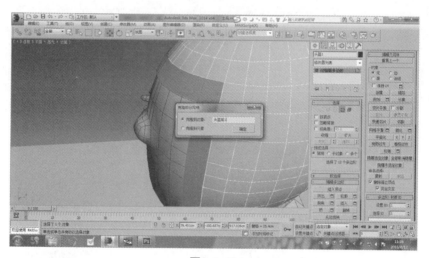

图3-3-92

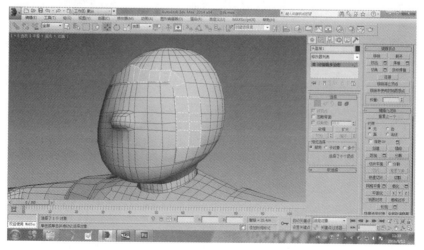

图3-3-93

步骤32：延伸头盔侧翼，如图3-3-94所示。

步骤33：调整侧翼造型，如图3-3-95所示。

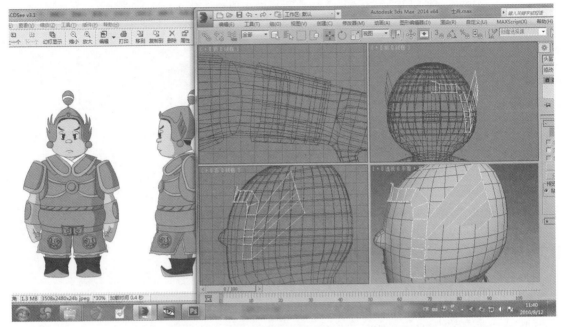

图3-3-94

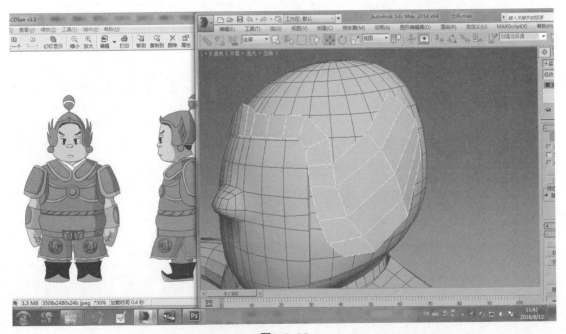

图3-3-95

步骤34：调整头盔盖，如图3-3-96所示。

步骤35：单击头盔模型，将它透明化，观察头盔盖与侧翼是否有越出，如图3-3-97所示。

步骤36：在侧翼模型下方创建一个球体模型，用来制作吊坠饰品，如图3-3-98所示。

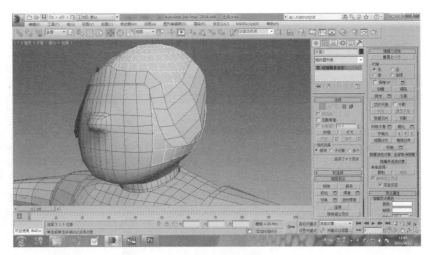

图3-3-96

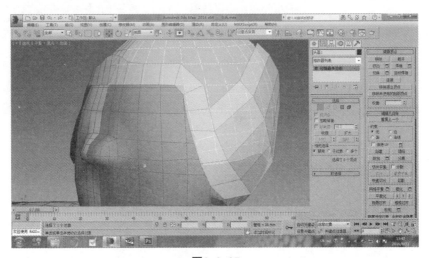

图3-3-97

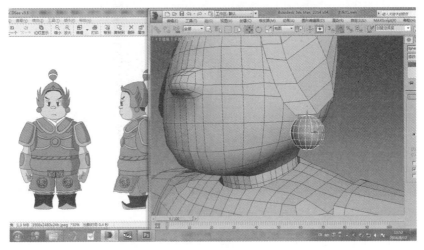

图3-3-98

步骤37：在头盔顶部创建一个球体并且用"缩放"工具将其拉伸，制作出红缨球，如图3-3-99所示。

步骤38：单击红缨球模型的下端一圈线，如图3-3-100所示。

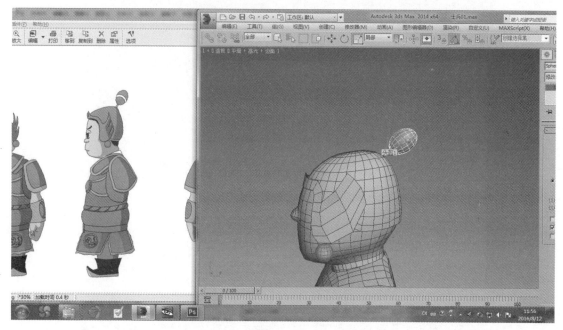

图3-3-99

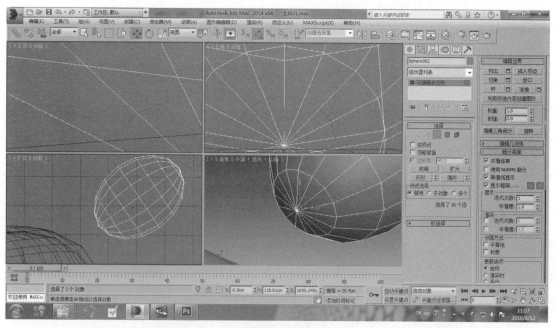

图3-3-100

步骤39：删除圈线里边的面，使得这里有一个缺口，如图3-3-101所示。

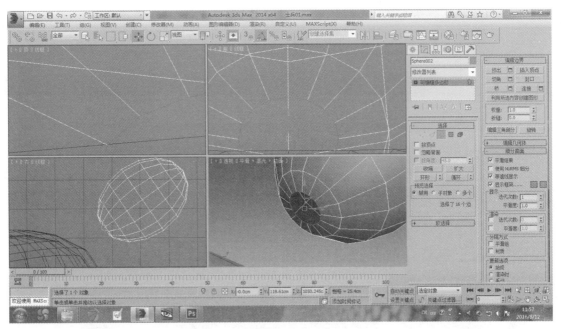

图3-3-101

步骤40：切换到"边界"层级，将这个圈线延伸到头盔盖里，如图3-3-102所示。

步骤41：在腰间创建一个长方体，制作出腰间虎头扣，如图3-3-103所示。

步骤42：切换到"多边形"层级，使用"插入"功能，添加内部模型，如图3-3-104所示。

步骤43：挤出中间模型，如图3-3-105所示。

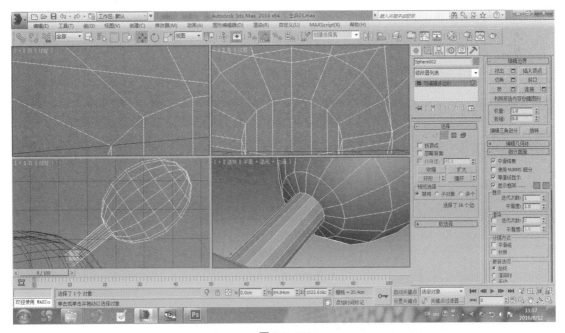

图3-3-102

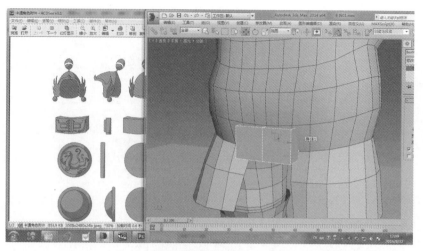

图3-3-103

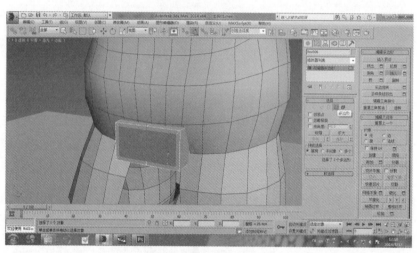

图3-3-104

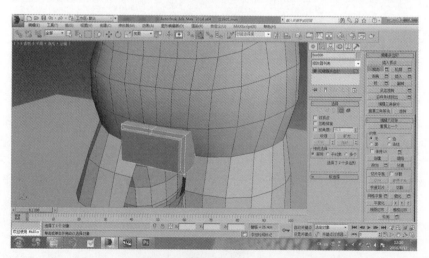

图3-3-105

步骤44： 在裙摆前端创建出一个圆柱体，平放在裙摆侧方，如图3-3-106所示。

步骤45： 在胸口正中心创建一个球体，如图3-3-107所示。

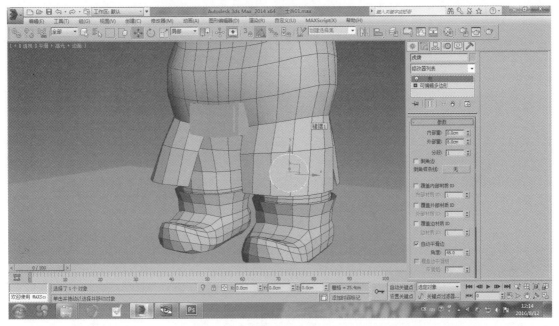

图3-3-106

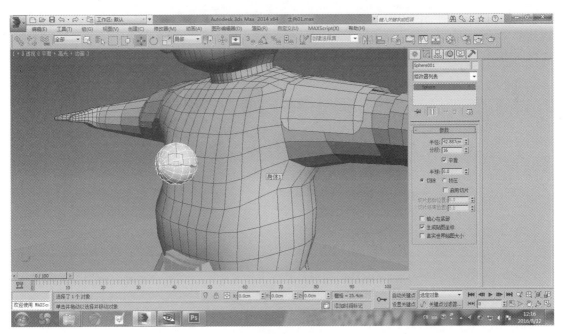

图3-3-107

步骤46： 在"修改"面板将球体更改为半球状，如图3-3-108所示。

步骤47： 创建一个圆柱体并与半球模型对齐，如图3-3-109所示。

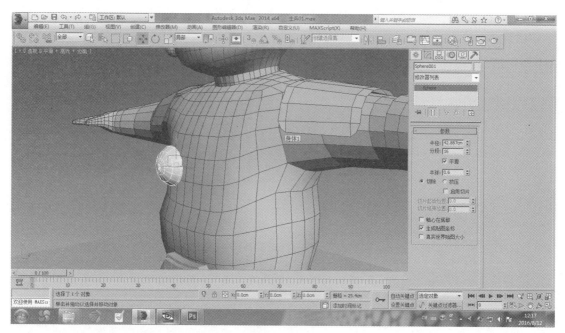

图3-3-108

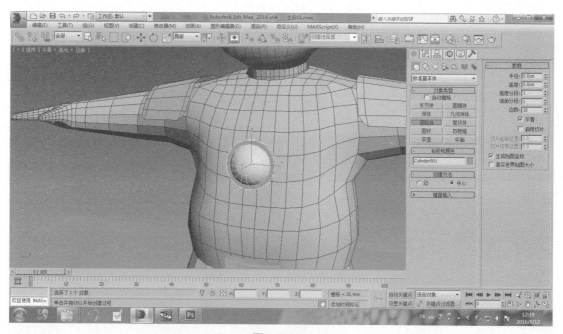

图3-3-109

步骤48：将胸口的装饰牌附加为一个整体，如图3-3-110所示。

步骤49：在腰间创建一条圆形二维线，如图3-3-111所示。

步骤50：将这条圆形线转换为可编辑样条线，如图3-3-112所示。

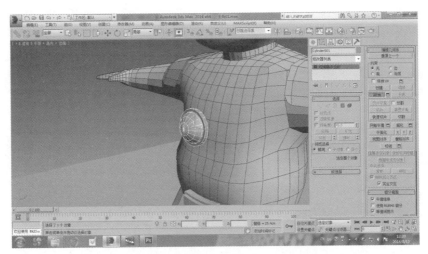

图3-3-110

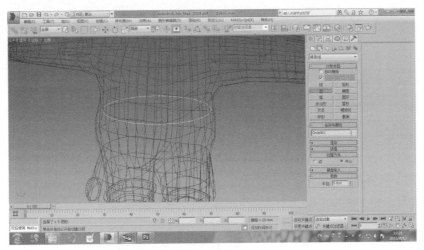

图3-3-111

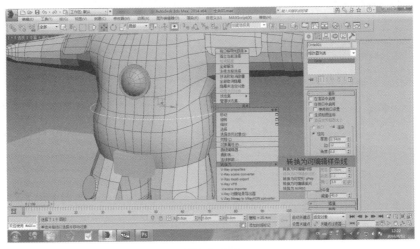

图3-3-112

步骤51：勾选"渲染"卷展栏中的"在渲染中启用"和"在视口中启用"复选框，这样线条就变成模型，如图3-3-113所示。

步骤52：选择"可编辑样条线"的"顶点"层级，对线条模型进行微调，使这条腰带与角色身体造型匹配，如图3-3-114所示。

步骤53：将线条模型转换为可编辑多边形，如图3-3-115所示。

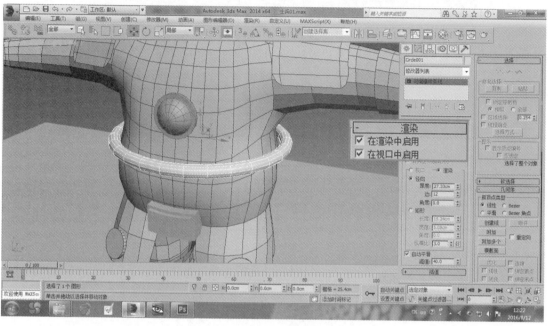

图3-3-113

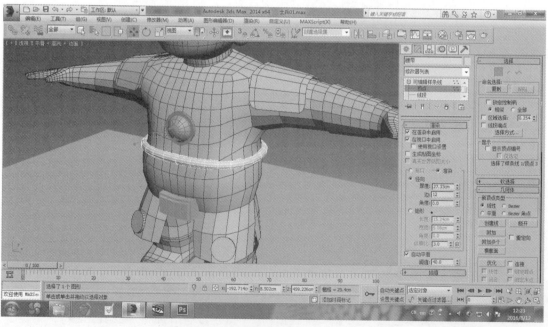

图3-3-114

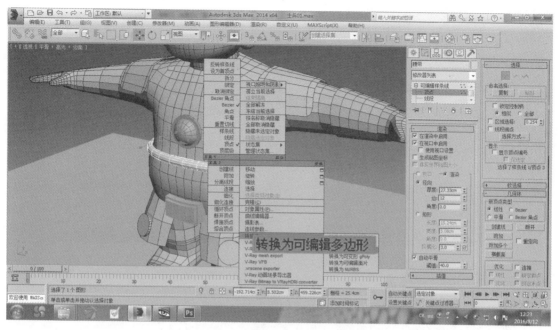

图3-3-115

步骤54：在前视图绘制出剑的半边造型，其图形要首尾闭合，如图3-3-116所示。

步骤55：将剑的半边造型转换为可编辑多边形，如图3-3-117所示。

步骤56：为模型添加"对称"修改器，如图3-3-118所示。

步骤57：给模型的内部添加线段，如图3-3-119所示。

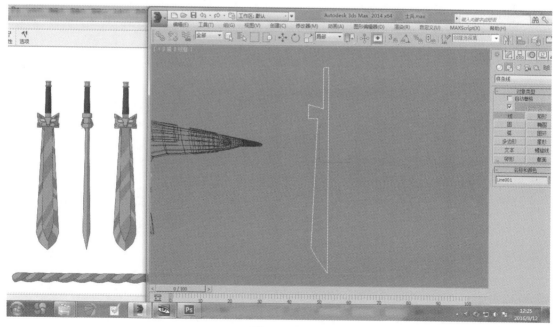

图3-3-116

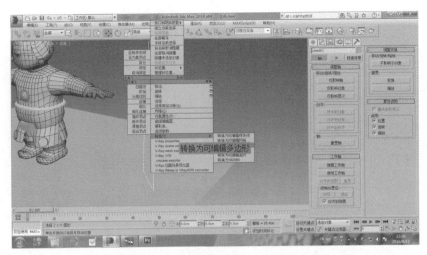

图3-3-117

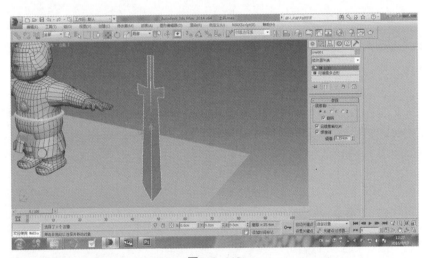

图3-3-118

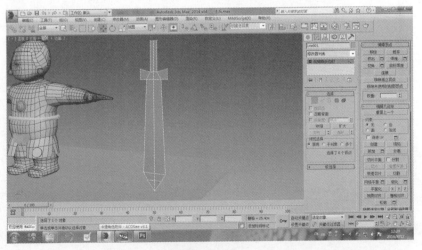

图3-3-119

步骤58：为模型添加"壳"修改器，如图3-3-120所示。

步骤59：根据原画设定调整剑的外形，如图3-3-121所示。

步骤60：调整出剑的利刃部分，如图3-3-122所示。

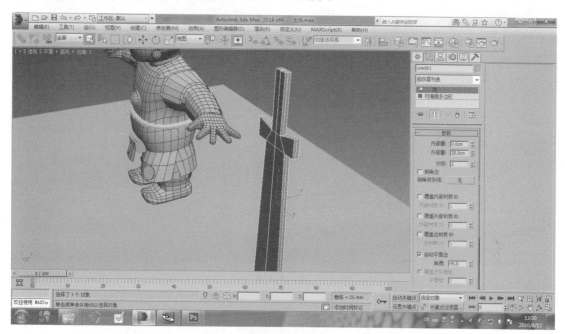

图3-3-120

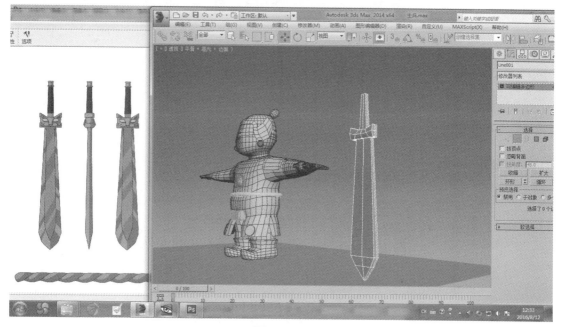

图3-3-121

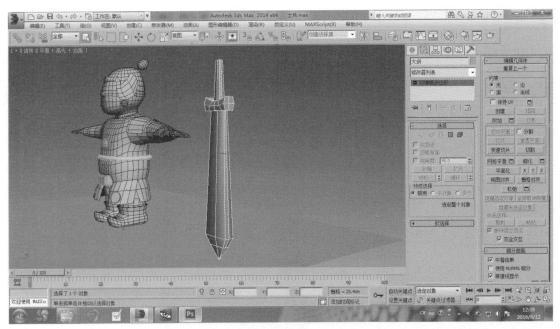

图3-3-122

5. 拆分模型UV

步骤1：将模型导出，导出的文件后缀名要更改为obj格式，如图3-3-123所示。

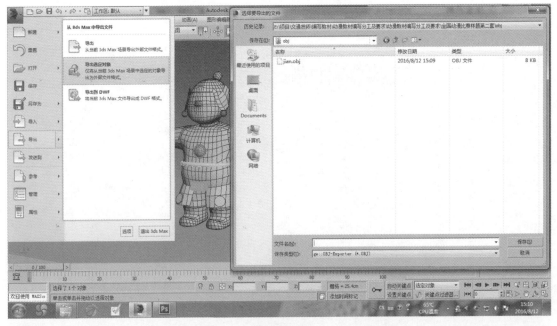

图3-3-123

步骤2：现在以大剑模型为例，导出obj格式，在"OBJ导出选项"对话框中，在"面"下拉列表中选择"多边形"，如图3-3-124所示。

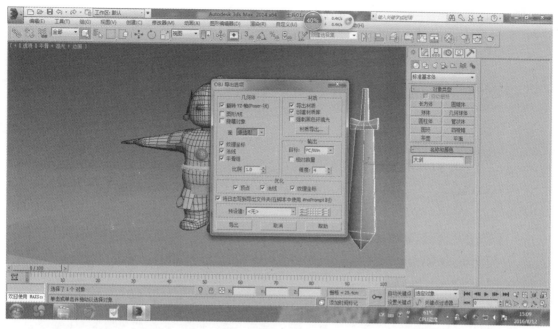

图3-3-124

步骤3：导出全部模型，如图3-3-125所示。需要注意的是，导出模型时要为文件命名，文件名只能用英文字母和数字，不能使用汉字。

步骤4：打开Unfold3D插件，如图3-3-126所示。

步骤5：现在以胸口虎牌为例，将这个模型在Unfold3D中打开，如图3-3-127所示。

步骤6：在菜单栏中选择"编辑"→"鼠标设置"命令，打开"键盘和鼠标设置"对话框，在"读取鼠标预先设置"下拉列表中选择"Autodesk 3DSMax"，如图3-3-128所示。

步骤7：按下Ctrl键，沿着模型边缘勾勒出切割线，切割线呈现蓝色，如图3-3-129所示。

步骤8：完成后单击"切割"按钮，切割线呈现黄色，如图3-3-130所示。

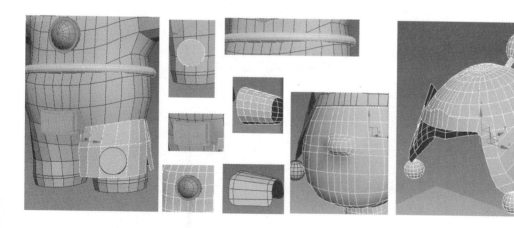

图3-3-125

图3-3-126

图3-3-127

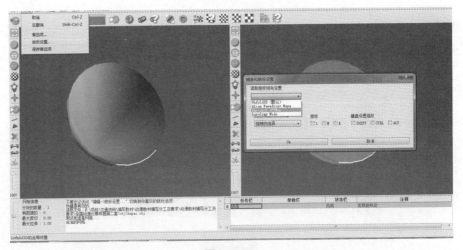

图3-3-128

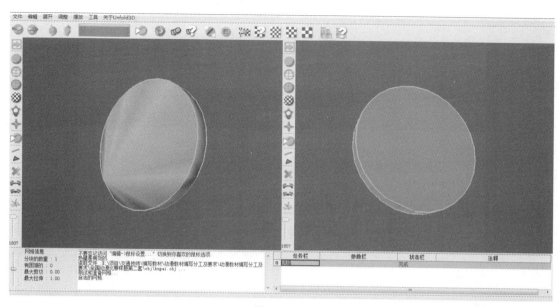

图3-3-129

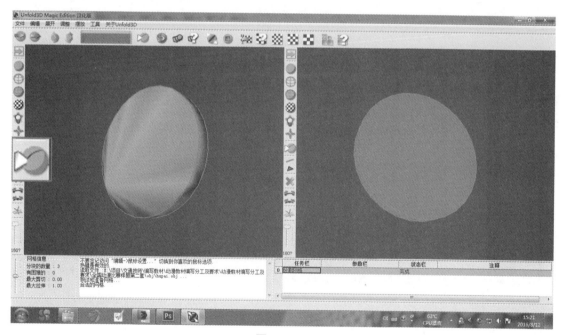

图3-3-130

　　步骤9：单击"展开"按钮，右视图就对模型进行UV自动展平，如图3-3-131所示。

　　步骤10：在菜单栏中选择"文件"→"另存为"命令，将模型存档，如图3-3-132所示。

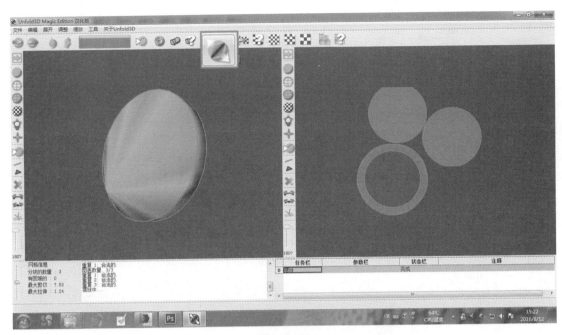

图3-3-131

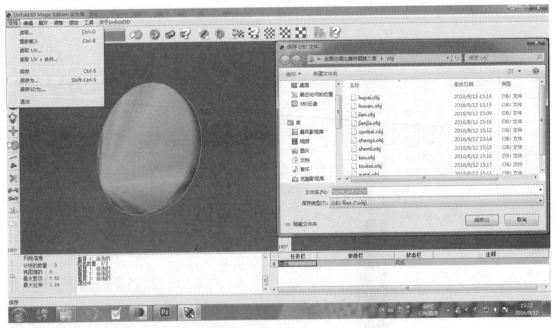

图3-3-132

步骤11：用同样的方法将其他模型展平，如图3-3-133所示。

步骤12：将模型重新导入到3ds Max中，如图3-3-134所示。

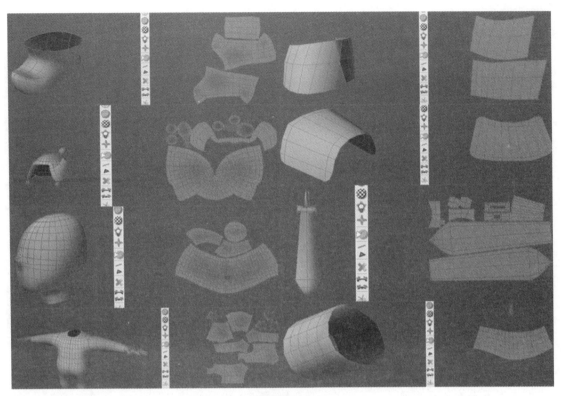

图3-3-133

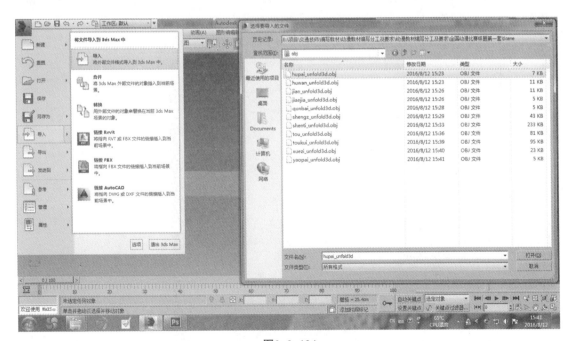

图3-3-134

步骤13：打开"OBJ导入选项"对话框，如图3-3-135所示。

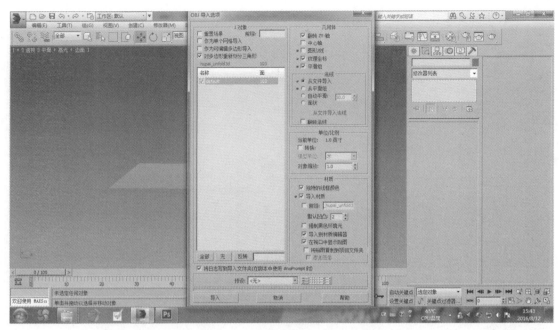

图3-3-135

　　步骤14：单击"导入"按钮后弹出"导入名称冲突"对话框，出现这个对话框是由于模型出现了重复名字，所以要在这个对话框中定义新模型名字，如图3-3-136所示。

　　步骤15：将拆分好的UV新模型逐个导入文件里，旧模型可以删除。现在看来，似乎没有变化，这是因为Unfold3D没有改变模型的坐标，所以新模型没有发生位置改动，如图3-3-137所示。

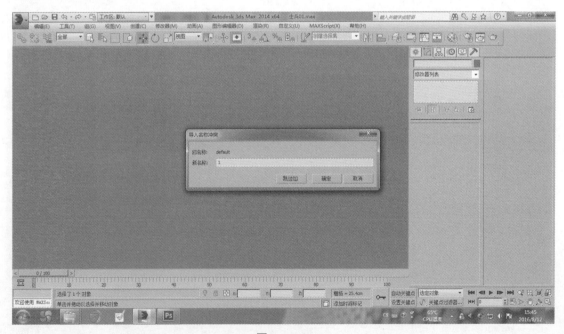

图3-3-136

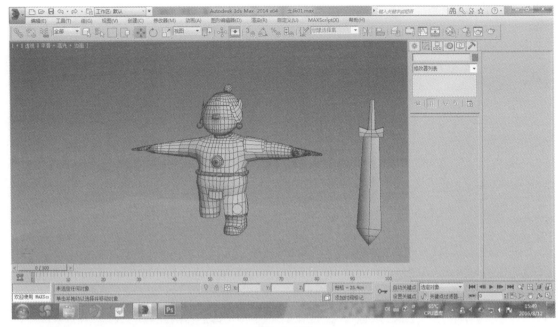

图3-3-137

步骤16：现在以大剑模型为例，为其添加"UVW展开"修改器，如图3-3-138所示。

步骤17：按快捷键M打开"材质编辑器"对话框，单击任意材质球，命名好之后，单击"漫反射"右边的方块按钮，打开"材质/贴图浏览器"对话框，选择"棋盘格"贴图，如图3-3-139所示。

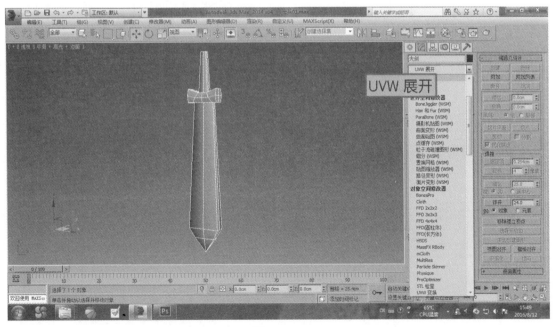

图3-3-138

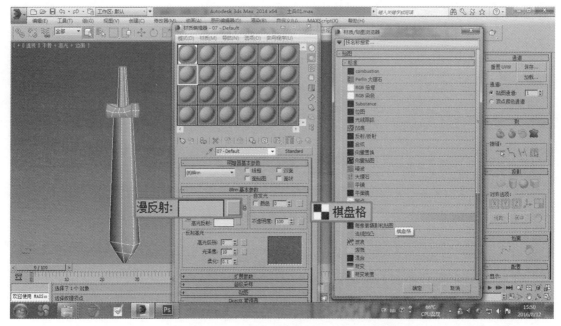

图3-3-139

步骤18：在"坐标"卷展栏，将"瓷砖"下的两项参数值设置为10，如图3-3-140所示。

步骤19：单击"将材质指定为选定对象"按钮，将材质赋予模型，再单击"在视口中显示明暗处理材质"按钮，如图3-3-141所示。

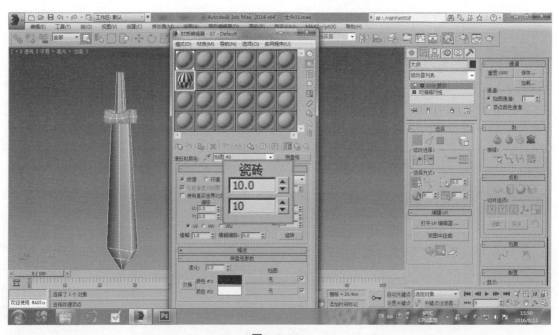

图3-3-140

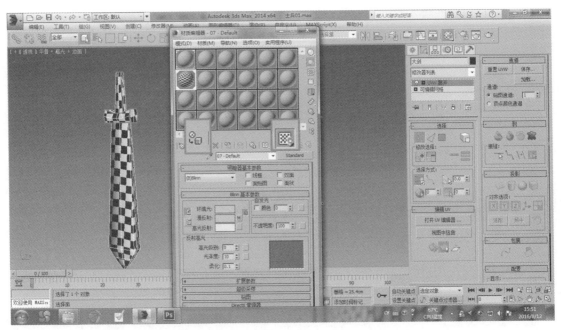

图3-3-141

　　步骤20：在"修改"面板中单击"编辑UV"卷展栏下的"打开UV编辑器"按钮，打开"编辑UVW"对话框，Unfold3D排列的UV有点凌乱，如图3-3-142所示。

　　步骤21：在"编辑UVW"对话框里，利用"顶点""边""多边形""元素"这几项功能对UV重新排列，如图3-3-143所示。

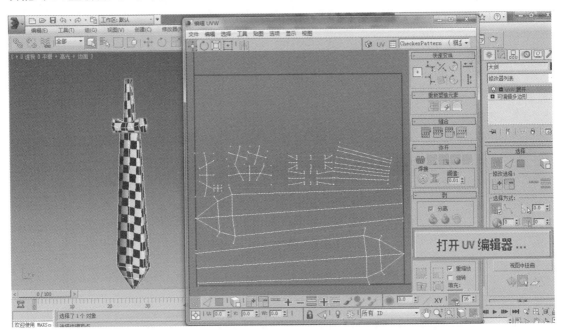

图3-3-142

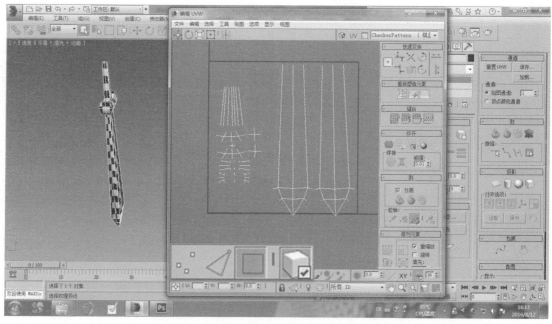

图3-3-143

步骤22：完成UV制作后，单击模型，将模型转换为可编辑多边形，如图3-3-144所示。

步骤23：打开靴子的UV，排列不整齐的UV让人看不出方向，需要调整，如图3-3-145所示。

图3-3-144

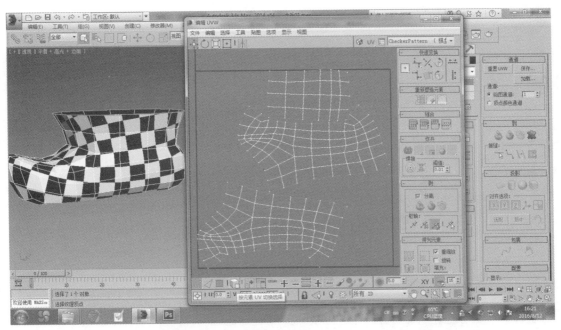

图3-3-145

步骤24：进行排列后，将靴子的两个相似面的前后放在一起，仔细观察会发现，这两个UV很相似，通过垂直镜像就能合在一起，如图3-3-146所示。

步骤25：单击上部工具栏的镜像工具，将UV进行垂直翻转，如图3-3-147所示。

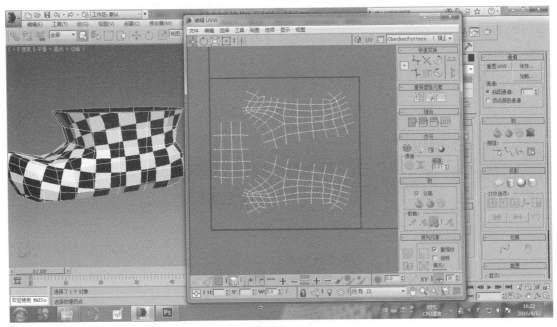

图3-3-146

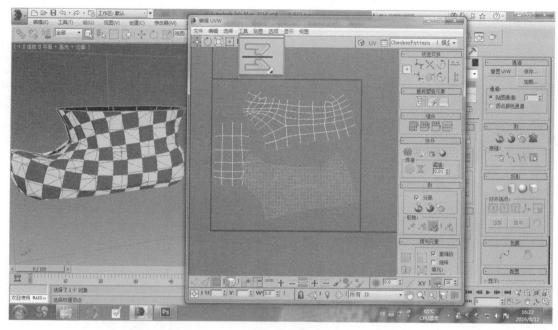

图3-3-147

步骤26：将两块大面积相似UV叠加在一起，如图3-3-148所示。

步骤27：将靴子模型镜像复制，如图3-3-149所示。

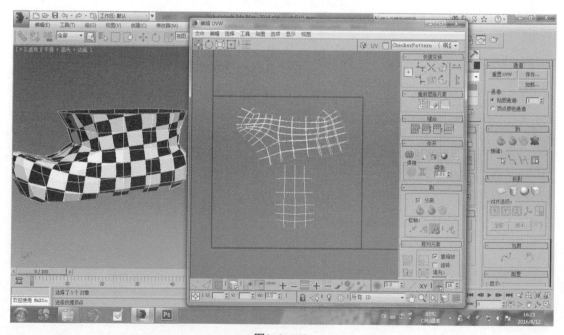

图3-3-148

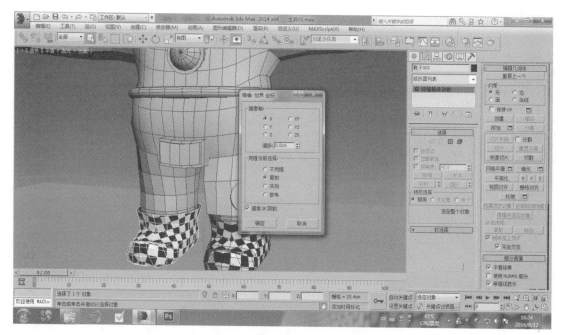

图3-3-149

步骤28：调整好裙摆模型UV，如图3-3-150所示。

步骤29：完成UV调整后，镜像复制裙摆模型，如图3-3-151所示。

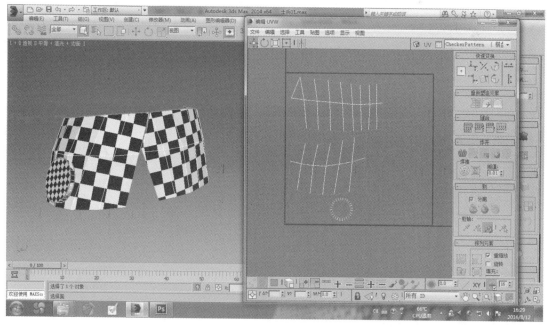

图3-3-150

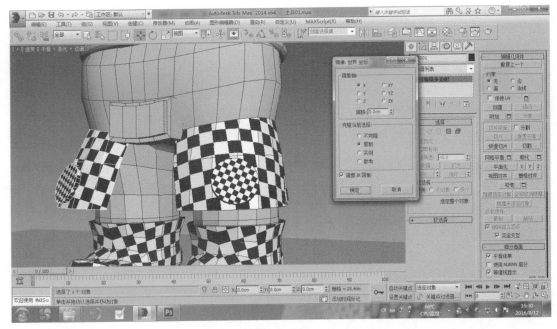

图3-3-151

步骤30：整理腰间扣模型UV，整理后的效果如图3-3-152所示。

步骤31：选择身体模型，如图3-3-153所示。

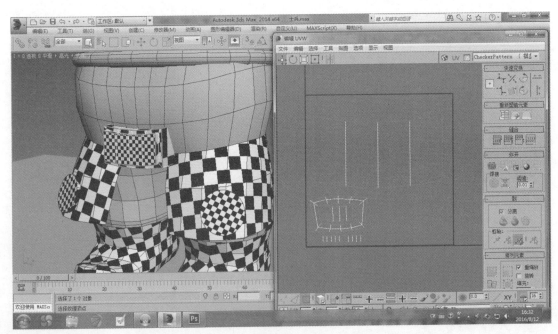

图3-3-152

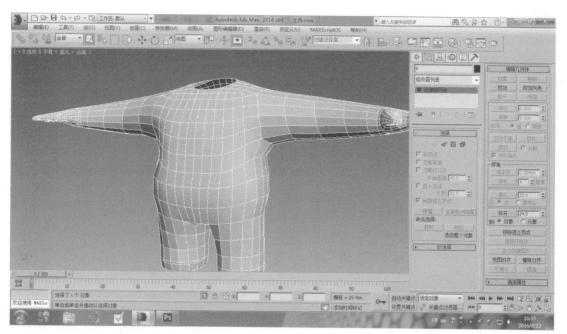

图3-3-153

步骤32：选择"多边形"层级，选择左半部分模型，如图3-3-154所示。

步骤33：将左半部分模型删除，如图3-3-155所示。

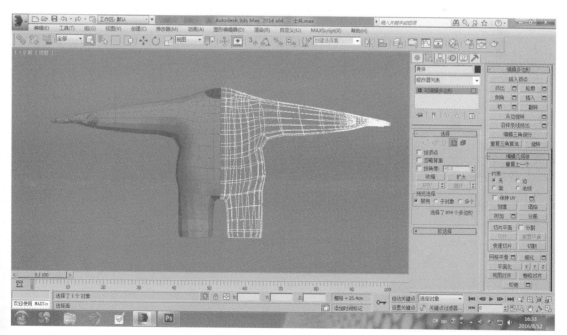

图3-3-154

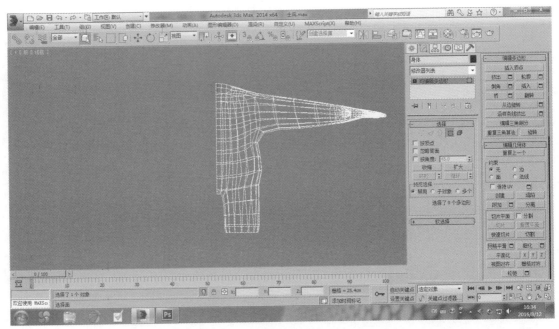

图3-3-155

步骤34: 为右半部分模型添加"UVW展开"修改器, 如图3-3-156所示。

步骤35: 对UV进行整理, 把UV图形排列得有条不紊, 如图3-3-157所示。

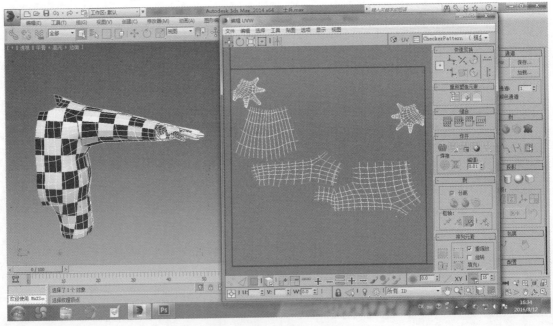

图3-3-156

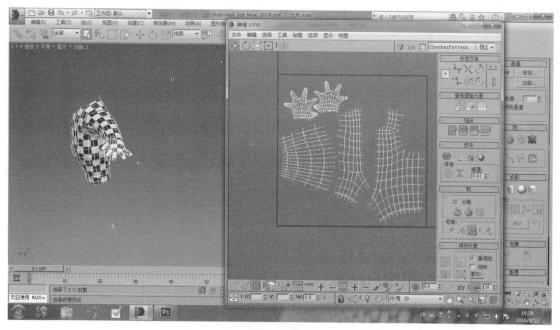

图3-3-157

步骤36：在"修改"面板中添加"对称"修改器，如图3-3-158所示。
步骤37：展开腰带UV将其水平放置，如图3-3-159所示。

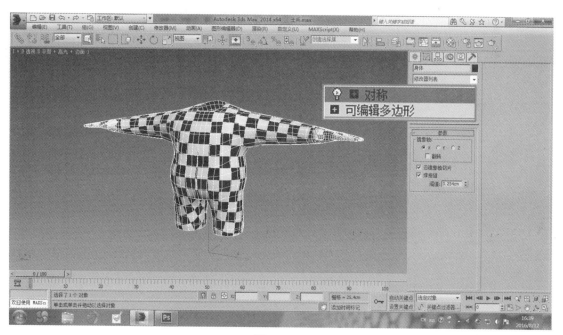

图3-3-158

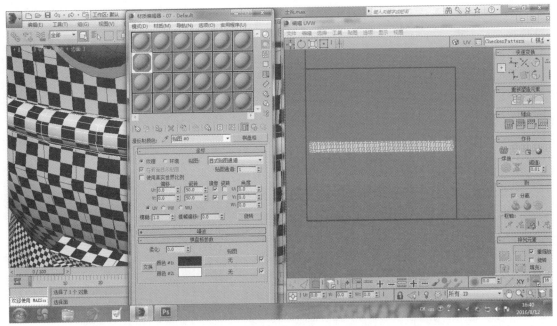

图3-3-159

步骤38：整理护肩模型UV，如图3-3-160所示。

步骤39：对护肩模型进行镜像复制，如图3-3-161所示。

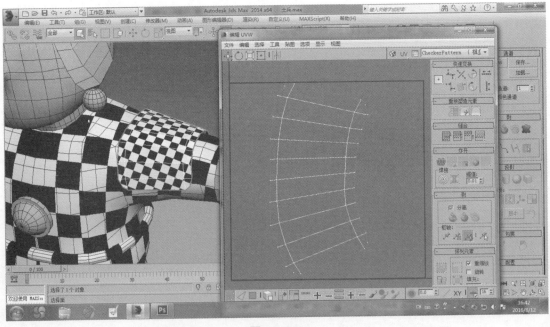

图3-3-160

图3-3-161

步骤40：整理护腕模型UV，如图3-3-162所示。
步骤41：对护腕模型进行镜像复制，如图3-3-163所示。

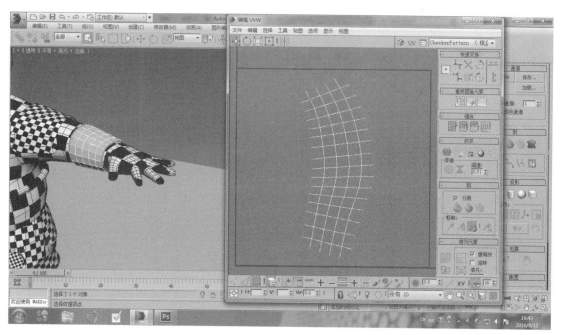

图3-3-162

图3-3-163

步骤42：将头盔模型独立出来，如图3-3-164所示。

步骤43：选择模型的左半部分，如图3-3-165所示。

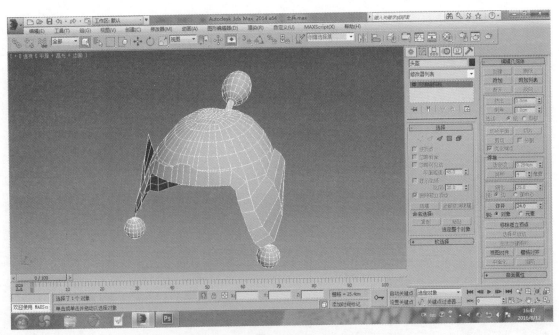

图3-3-164

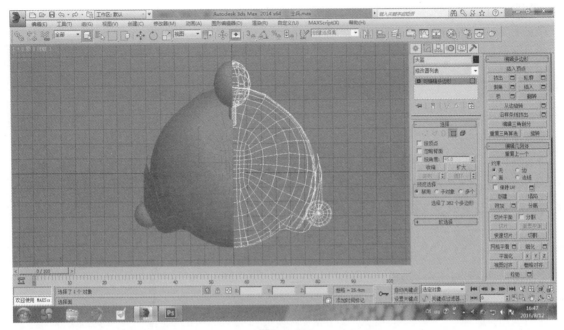

图3-3-165

步骤44：删除左半部分模型，如图3-3-166所示。

步骤45：对模型添加"UVW展开"修改器，如图3-3-167所示。

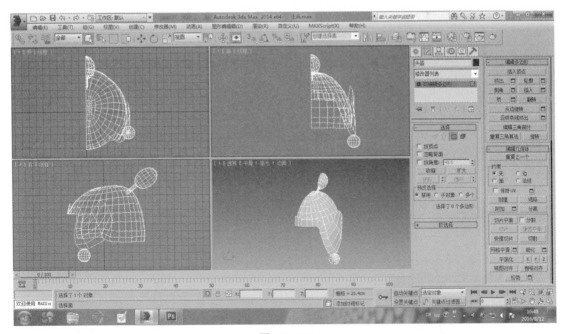

图3-3-166

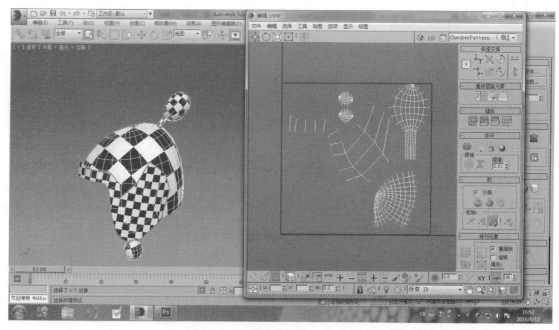

图3-3-167

步骤46：添加"对称"修改器，如图3-3-168所示。

步骤47：完成后，将模型转换为可编辑多边形，如图3-3-169所示。

图3-3-168

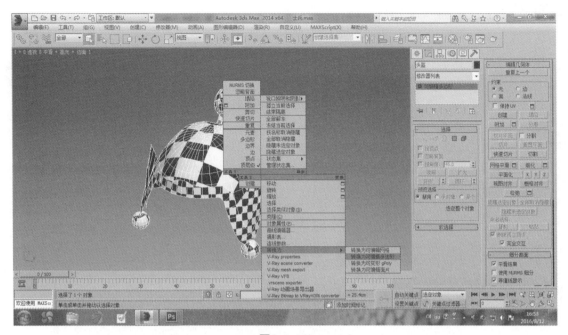

图3-3-169

步骤48：完成头盔模型的整理后，独立出头部模型，如图3-3-170所示。

步骤49：选择头部模型的左半部分，如图3-3-171所示。

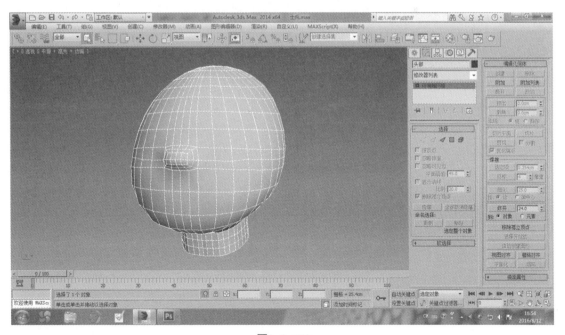

图3-3-170

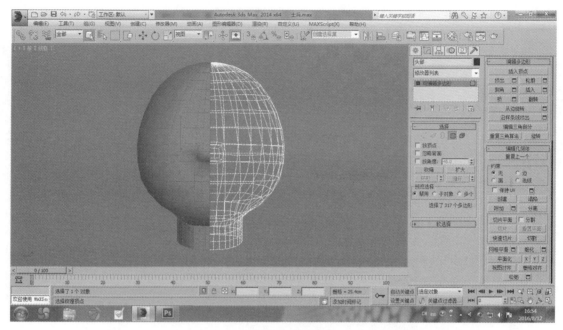

图3-3-171

步骤50：将左半部分模型删除，如图3-3-172所示。

步骤51：对模型添加"UVW展开"修改器，如图3-3-173所示。

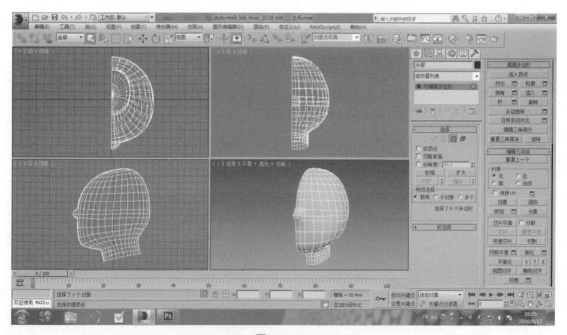

图3-3-172

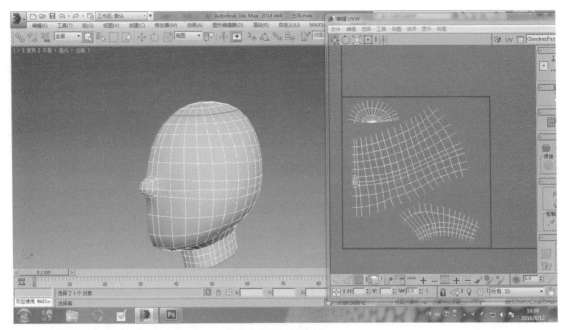

图3-3-173

步骤52：对头部模型添加"对称"修改器，如图3-3-174所示。

步骤53：将模型转换为可编辑多边形，如图3-3-175所示。

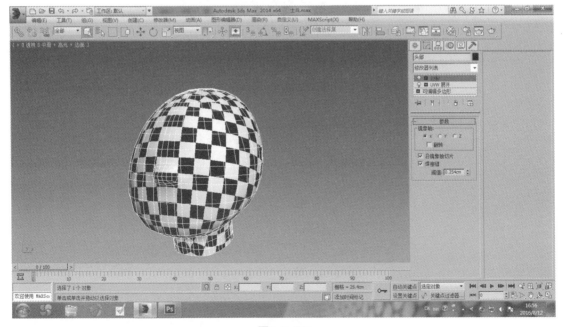

图3-3-174

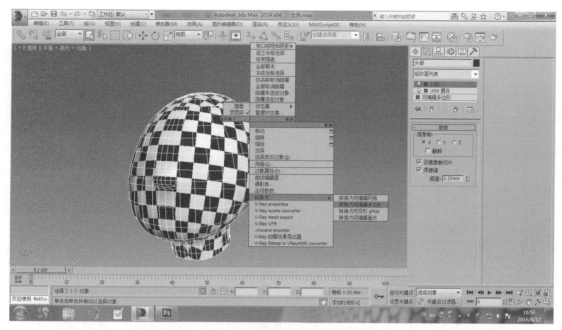

图3-3-175

步骤54：至此武士模型的UV已全部整理完成，如图3-3-176所示。

步骤55：将一个默认材质球指定给模型，如图3-3-177所示。

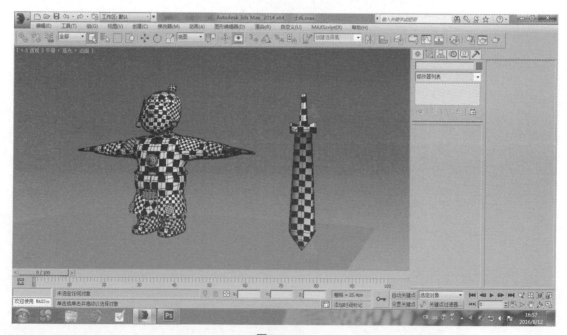

图3-3-176

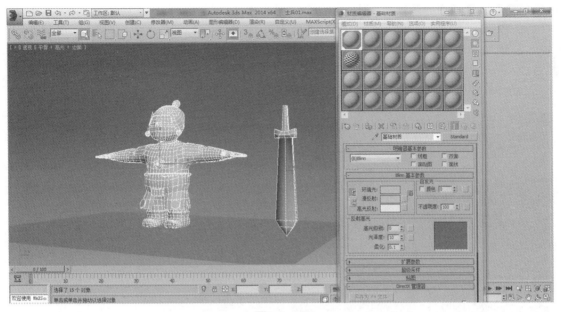

图3-3-177

6. 贴图绘制

步骤1：选择头盔模型，在菜单栏中选择"工具"→"视口画布"命令，如图3-3-178
所示。

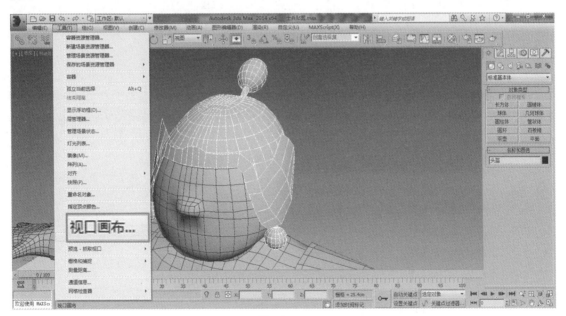

图3-3-178

步骤2：在打开的"视口画布"对话框中单击"画笔"按钮，在弹出的菜单中选择"漫
反射颜色"命令，打开"创建纹理：漫反射颜色"对话框，单击"1024"按钮，设置图片
保存位置，如图3-3-179所示。

步骤3：保存贴图文件，这个步骤必须做，否则不能进入绘画，如图3-3-180所示。

步骤4：此时在"文本"文本框出现了路径，下一步就可在模型上绘制了，如图3-3-181所示。

步骤5：在头盔侧翼位置绘画出镂空的黑色区域，如图3-3-182所示。

步骤6：绘制出头盔前面中心的宝石，这里用画笔简单把位置定义出来，之后再用Photoshop软件进行精细绘画，如图3-3-183所示。

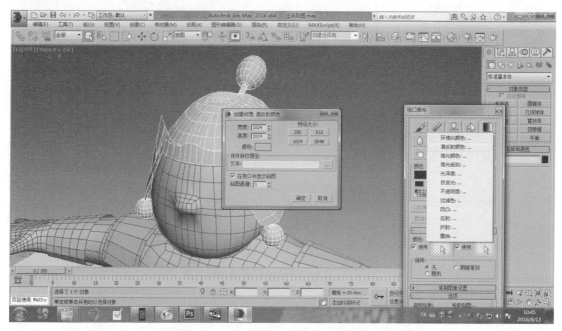

图3-3-179

图3-3-180

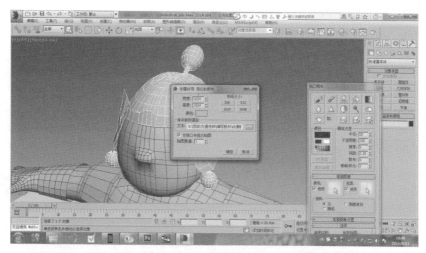

图3-3-181

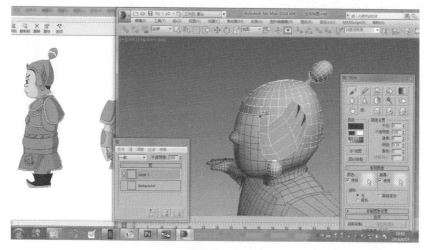

图3-3-182

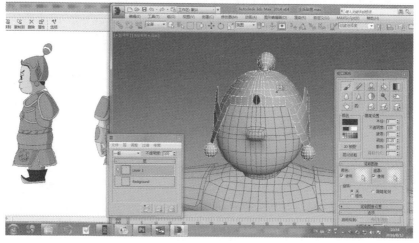

图3-3-183

步骤7：用黑色画笔定义纹理的位置，如图3-3-184所示。

步骤8：完成图像定位后，用"移动"工具单击界面，此时弹出"保存纹理层"对话框，单击"展平层并保存当前纹理"按钮，如图3-3-185所示。

步骤9：现在再次加入"UVW展开"修改器将UV图保存，如图3-3-186所示。

步骤10：将UV图保存为".jpg"格式，如图3-3-187所示。

步骤11：打开Photoshop软件，将原画、UV图、绘制的草图一起打开，如图3-3-188所示。

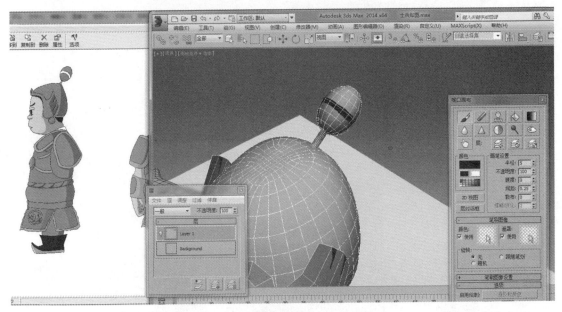

图3-3-184

图3-3-185

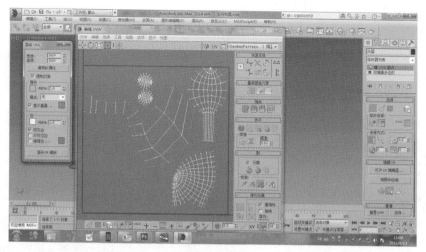

图3-3-186

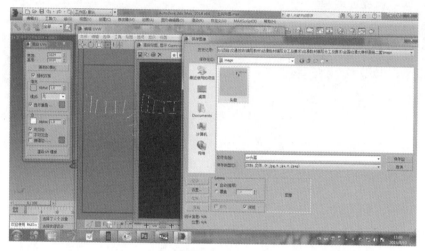

图3-3-187

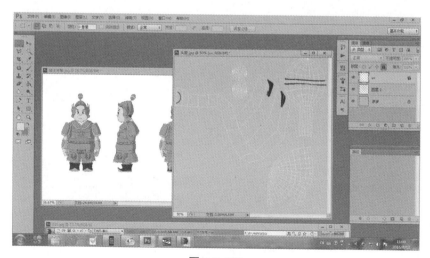

图3-3-188

步骤12：将涉及的颜色块标注在一个位置，便于绘制时查找，原画图可以暂时关闭，如图3-3-189所示。

步骤13：把侧翼的黑白贴图处理得精细一些，然后保存为"头盔黑白贴图.jpg"文件，如图3-3-190所示。

步骤14：现在绘制彩色贴图，将颜色铺开到每一个UV里，如图3-3-191所示。

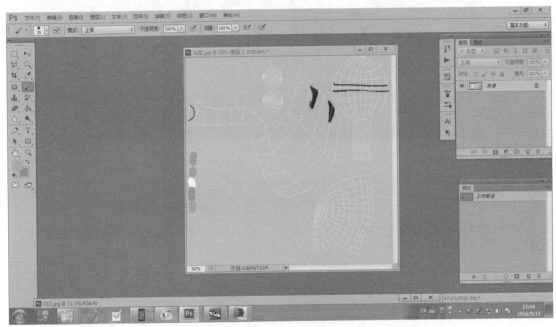

图3-3-189

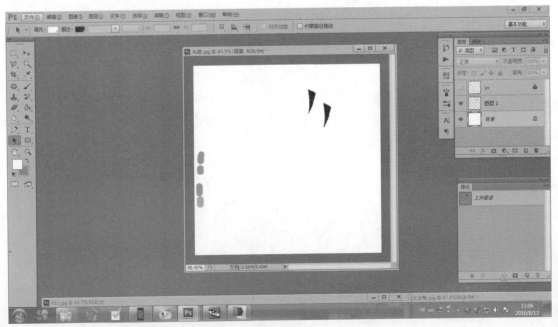

图3-3-190

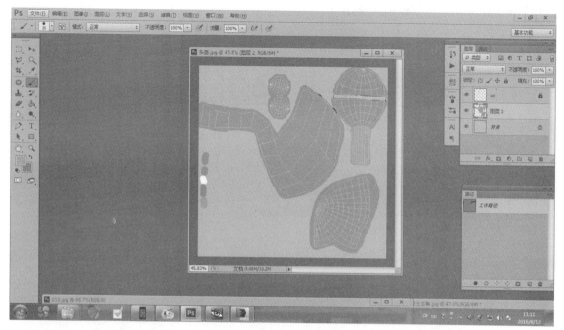

图3-3-191

步骤15： 在保存彩色贴图前把UV层删除或者关闭，再保存为"jpg"文件，如图3-3-192所示。

步骤16： 返回到3ds Max，此时发现已经更新了贴图效果，但是头盔侧翼还是没有镂空，如图3-3-193所示。

步骤17： 单击"Blinn基本参数"卷展栏中"不透明度"右边的方块按钮，在"材质/贴图浏览器"对话框中选择"位图"，如图3-3-194所示。

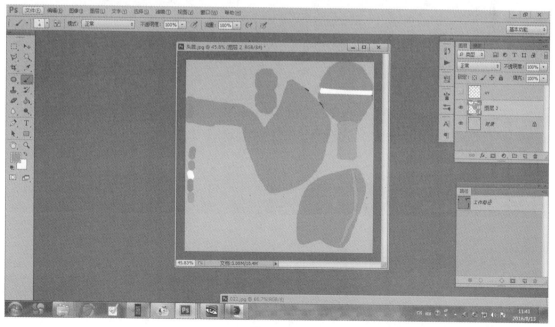

图3-3-192

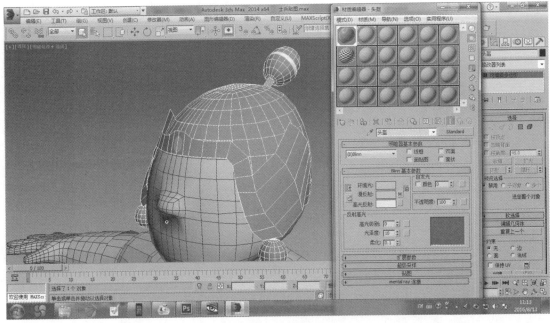

图3-3-193

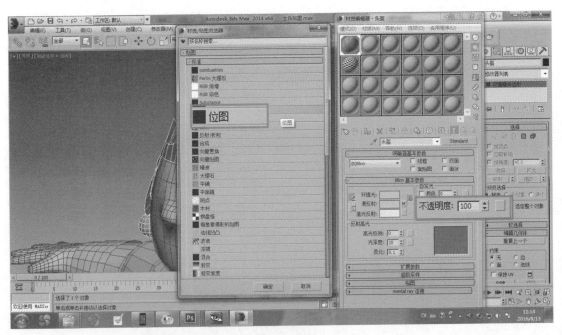

图3-3-194

步骤18：打开"选择位图图像文件"对话框，找到之前保存的黑白贴图，如图3-3-195所示。

步骤19：此时侧翼的模型便出现镂空效果，这是因为在黑白贴图中，黑色是镂空部分，白色是保留部分，如图3-3-196所示。

步骤20：单击头部模型，定义贴图路径后，准备绘制，如图3-3-197所示。

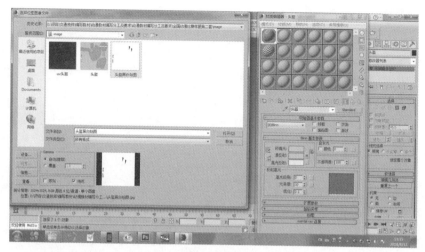

图3-3-195

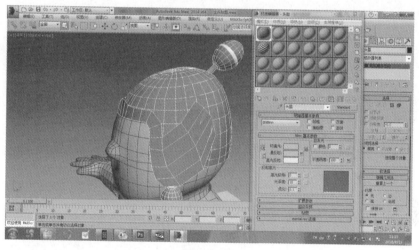

图3-3-196

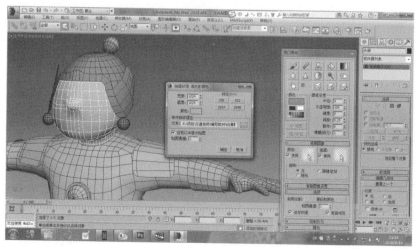

图3-3-197

步骤**21**：用黑色画笔定义好五官和头发的位置，然后进行大体的绘制，如图3-3-198所示。

步骤**22**：为头部的模型再次添加"UVW展开"修改器，再把UV保存成"．jpg"文件，如图3-3-199所示。

步骤**23**：打开Photoshop，把绘制的贴图和UV图叠加放在一起（UV图起到的作用是定义方位，让人们知道画笔该画到什么位置），如图3-3-200所示。

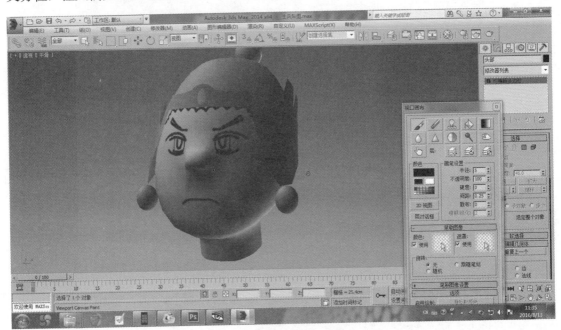

图3-3-198

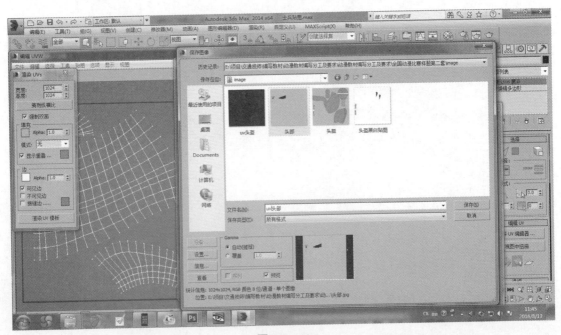

图3-3-199

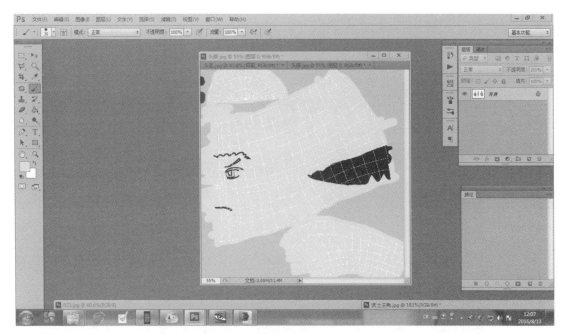

图3-3-200

步骤24：使用"钢笔"工具进行勾勒，如图3-3-201所示。

步骤25：在Photoshop中绘制完成后的头部贴图如图3-3-202所示。

步骤26：一般绘制完成并保存好图片后，再返回3ds Max，就会更新显示效果，如图3-3-203所示。

步骤27：绘制盔甲、衣服、皮肤的纹理，如图3-3-204所示。

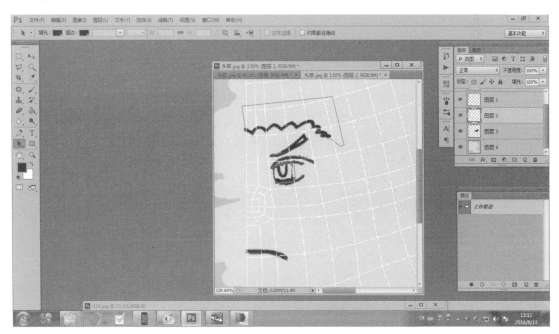

图3-3-201

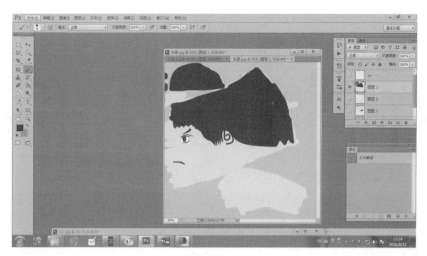

图3-3-202

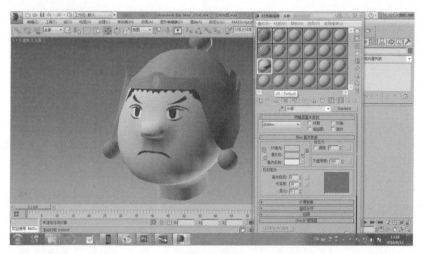

图3-3-203

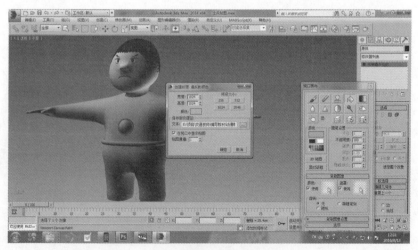

图3-3-204

步骤28：用黑色画笔大致勾勒出位置，如图3-3-205所示。

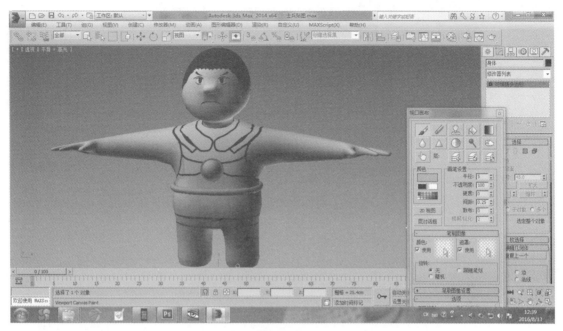

图3-3-205

步骤29：对模型再次添加"UVW展开"修改器，并将UV保存为".jpg"文件，如图3-3-206所示。

步骤30：打开Photoshop，将绘制的贴图与UV图叠加在一起，如图3-3-207所示。

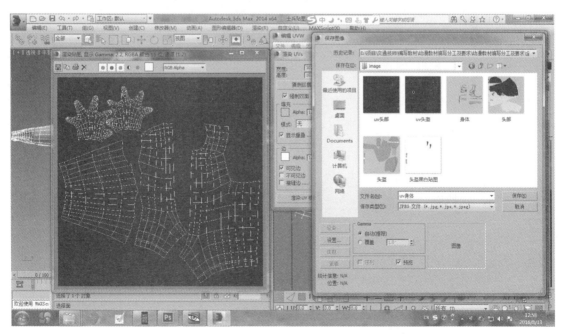

图3-3-206

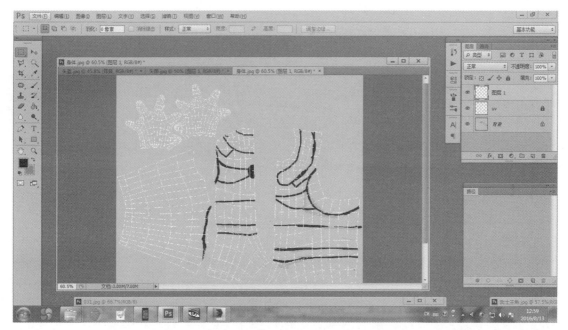

图3-3-207

步骤31：耐心勾勒出不同的色块，如图3-3-208所示。

步骤32：角色背后效果如图3-3-209所示。

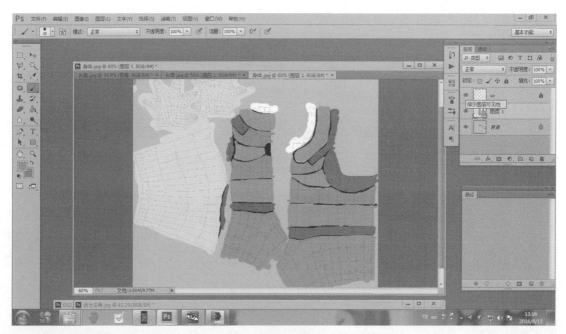

图3-3-208

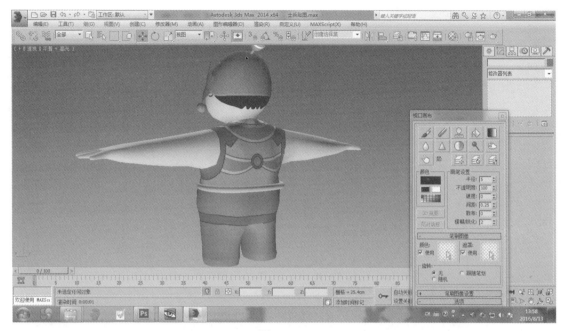

图3-3-209

步骤**33**：准备绘制裙摆贴图，如图3-3-210所示。

步骤**34**：裙摆的边缘是镂空的波浪图形，在这里需要制作一张黑白贴图，如图3-3-211所示。

图3-3-210

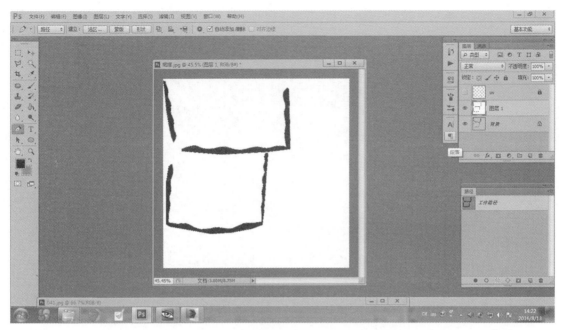

图3-3-211

步骤35：绘制好彩色贴图，其中虎牌的纹理可以直接从原画中复制过来，如图3-3-212所示。

步骤36：回到3ds Max，单击"不透明度"右侧的方块按钮，打开"材质/贴图浏览器"对话框，选择"位图"，如图3-3-213所示。

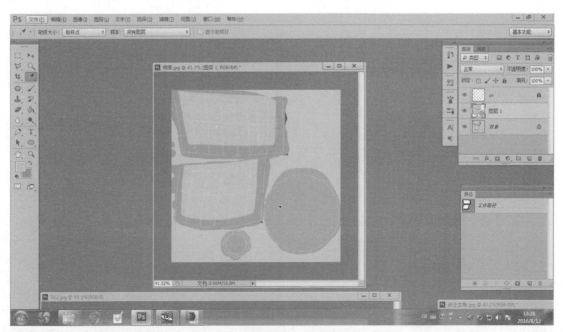

图3-3-212

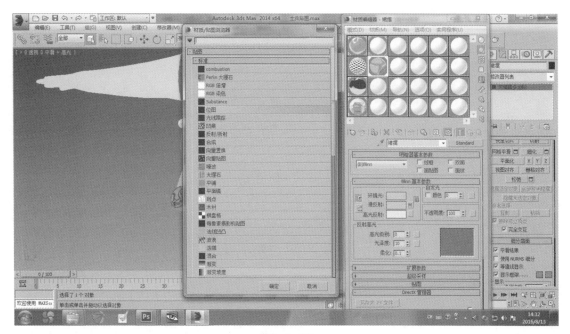

图3-3-213

步骤37： 选择"裙摆黑白贴图"，如图3-3-214所示。

步骤38： 更新后的裙摆已经有了镂空的波浪边缘，如图3-3-215所示。

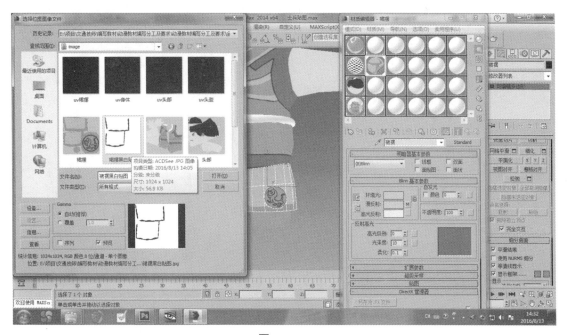

图3-3-214

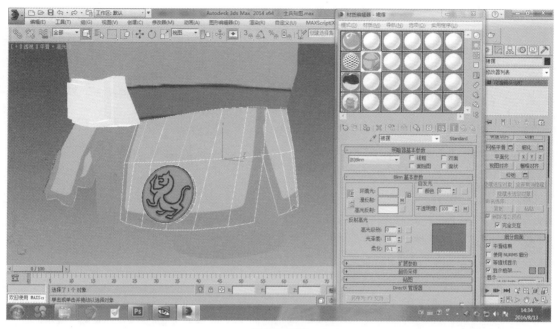

图3-3-215

步骤39：准备绘制靴子贴图，如图3-3-216所示。

步骤40：用纯颜色的大块面绘制靴子，如图3-3-217所示。

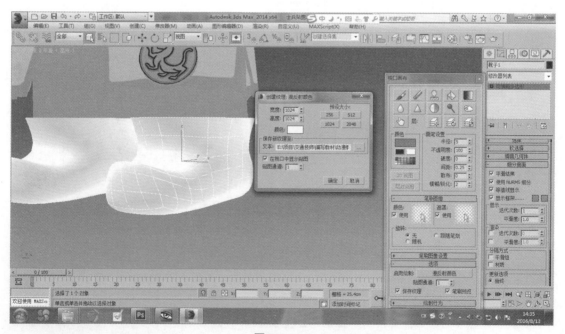

图3-3-216

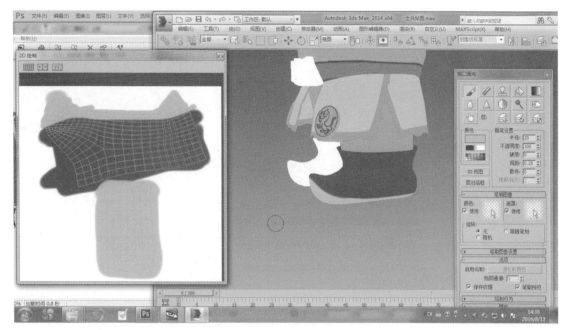

图3-3-217

步骤41：准备绘制护肩贴图，如图3-3-218所示。
步骤42：用黑色画笔绘制出轮廓，如图3-3-219所示。

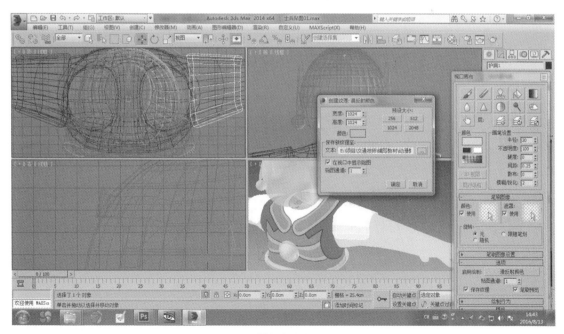

图3-3-218

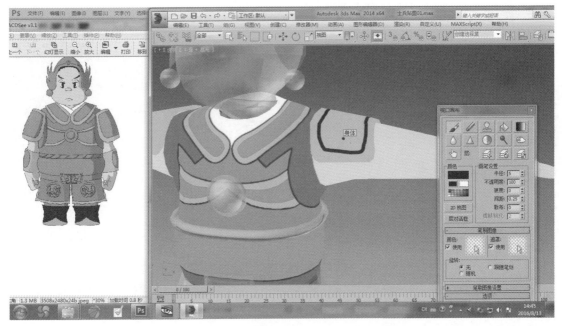

图3-3-219

步骤43：在Photoshop里勾勒出盔甲的边缘，如图3-3-220所示。

步骤44：准备绘制护腕贴图，如图3-3-221所示。

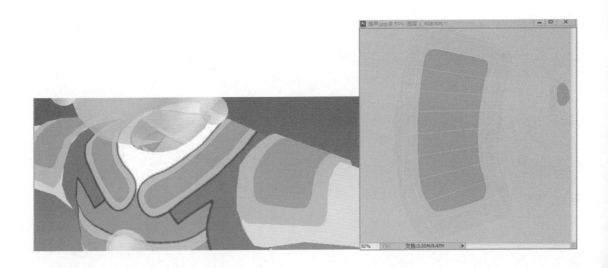

图3-3-220

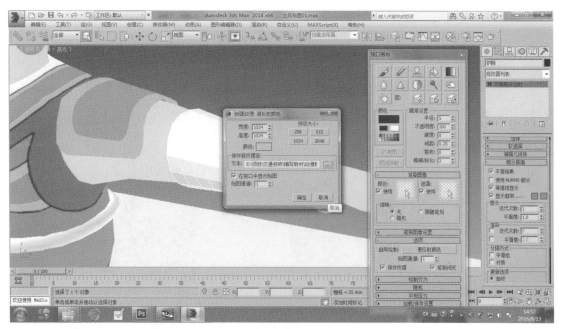

图3-3-221

步骤45：护腕的图形比较简单，直接在3ds Max中勾勒，如图3-3-222所示。

步骤46：准备绘制腰带贴图，如图3-3-223所示。

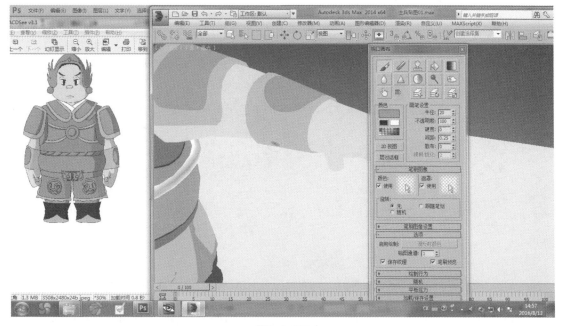

图3-3-222

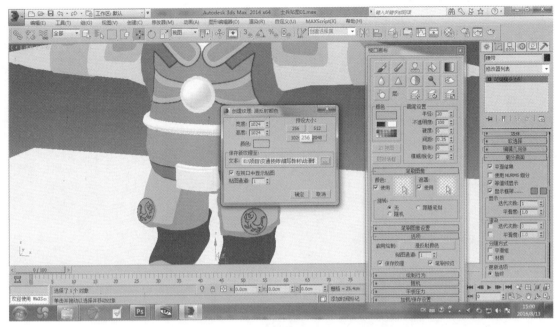

图3-3-223

步骤47：腰带纹理也比较简单，可以直接调配好颜色在视口上进行绘画，如图3-3-224所示。

步骤48：准备绘制腰间扣贴图，如图3-3-225所示。

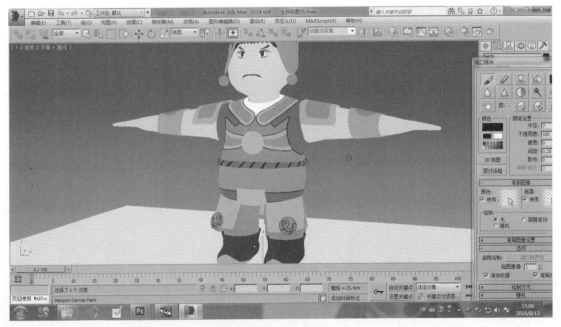

图3-3-224

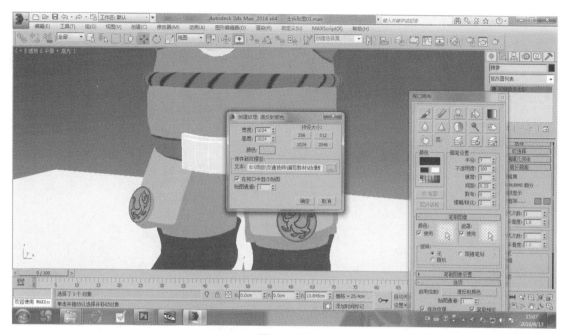

图3-3-225

步骤49：在视口中把腰间扣的大体纹理绘制出来，如图3-3-226所示。

步骤50：打开Photoshop，将原画的图像复制到贴图中，调整好位置，因为可以通过对称制作，所以只要将一半图形拼合进来即可，如图3-3-227所示。

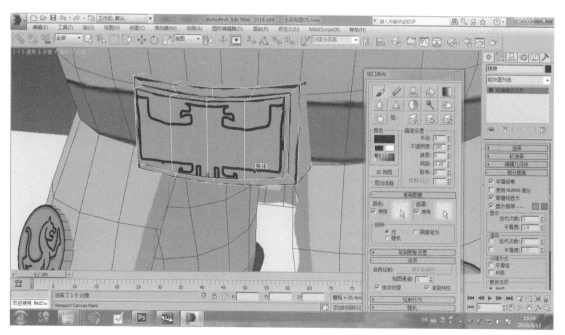

图3-3-226

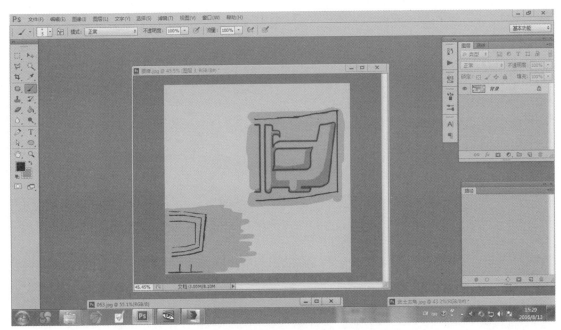

图3-3-227

步骤51：前胸的圆形牌使用默认的UV，因为是纯色块，所以不用将UV拆得很细腻，如图3-3-228所示。

步骤52：绘制小面积的贴图文件，如图3-3-229所示。

图3-3-228

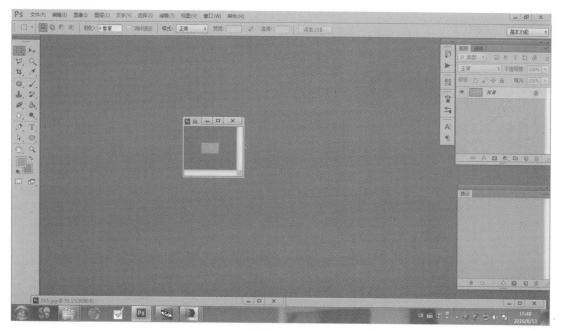

图3-3-229

步骤53：绘制大剑贴图，如图3-3-230所示。

步骤54：用画笔勾勒出色块和它们的区域，如图3-3-231所示。

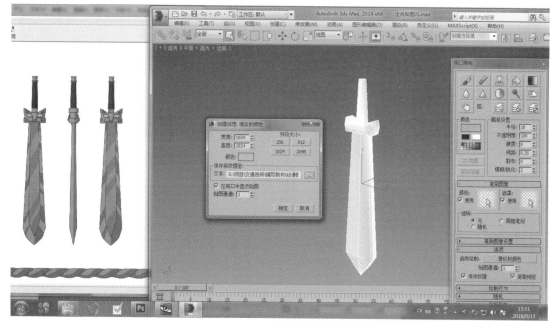

图3-3-230

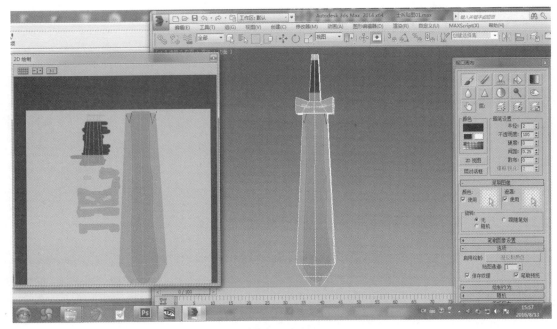

图3-3-231

步骤55：将大剑模型的UV保存为".jpg"文件，如图3-3-232所示。

步骤56：打开Photoshop，将原画的大剑图形导入贴图中，进行参考，如图3-3-233所示。

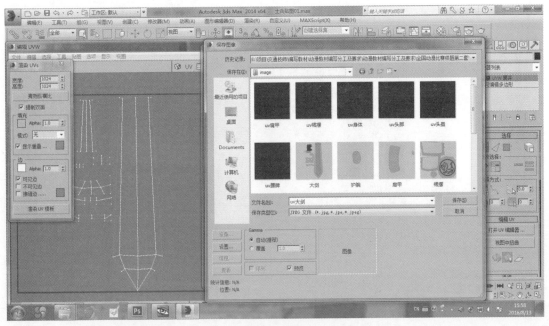

图3-3-232

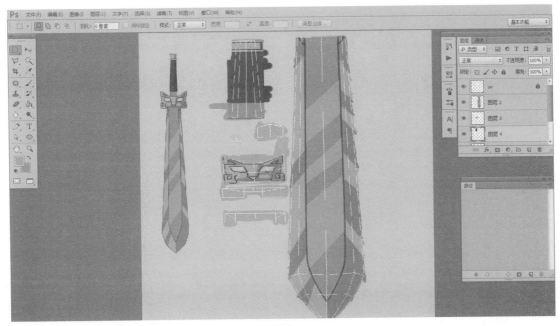

图3-3-233

步骤57：将大剑的兽头纹理复制到贴图中并调整好位置，如图3-3-234所示。

步骤58：制作完成后，返回到3ds Max中进行观察，如果有不足之处再进行微调，如图3-3-235所示。

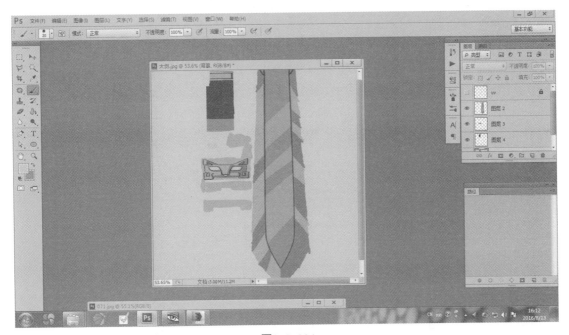

图3-3-234

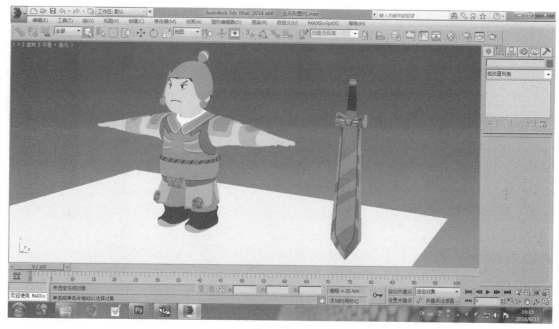

图3-3-235

7. 配置角色骨骼

步骤1：新建一个层并将该层命名为"角色"，将模型放入层，如图3-3-236所示。

步骤2：再创建一个层并将之命名为"骨骼"，如图3-3-237所示。

步骤3：在"创建"面板中单击"系统"按钮，然后单击"对象类型"卷展栏中的"Biped"按钮，在透视图中创建两栖动物骨骼，如图3-3-238所示。

图3-3-236

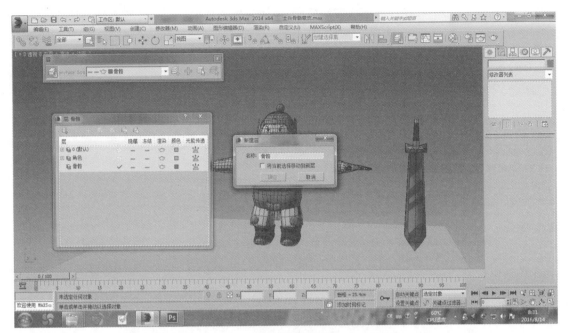

图3-3-237

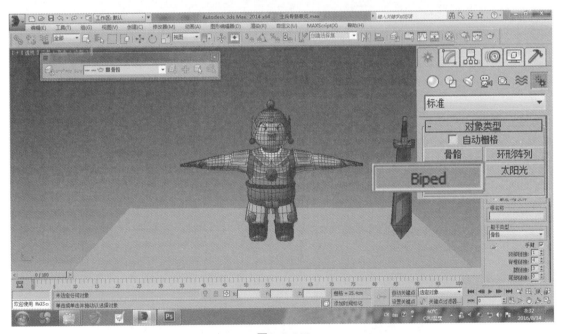

图3-3-238

步骤4：将创建出来的两栖动物骨骼与模型进行匹配，如图3-3-239所示。

步骤5：单击骨骼造型，在"运动"面板激活"体形模式"，如图3-3-240所示。

步骤6：调整参数，设置"脊椎链接"为3、"手指"为5、"手指链接"为3、"脚趾链接"为1，高度由模型定义，可以根据角色模型自行调整相关参数值，如图3-3-241所示。

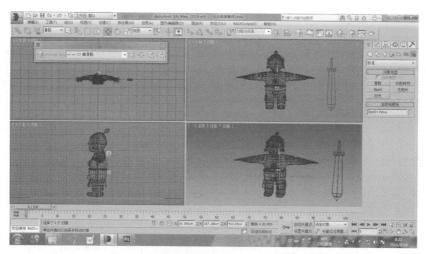

图3-3-239

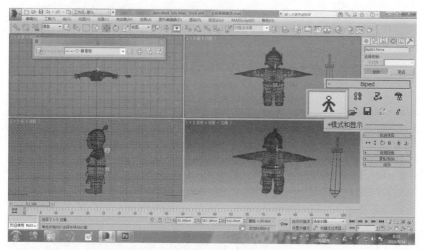

图3-3-240

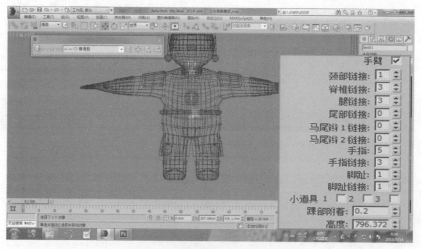

图3-3-241

步骤7： 将角色模型变为透明化显示，如图3-3-242所示。

步骤8： 用"缩放"工具调整一只腿的骨骼造型，尽可能让体积与模型接近，如图3-3-243所示。

步骤9： 使用"复制/粘贴"卷展栏中的"反向粘贴"，绘制出另一只腿的骨骼，如图3-3-244所示。

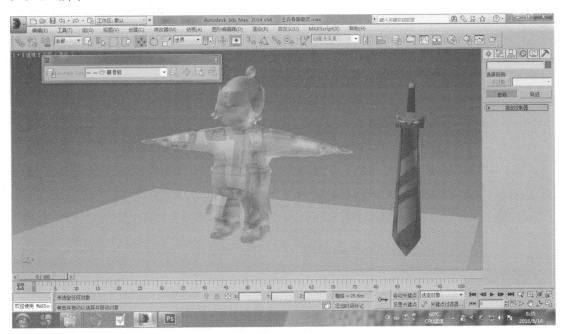

图3-3-242

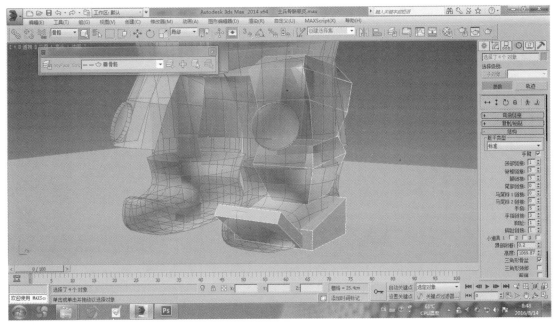

图3-3-243

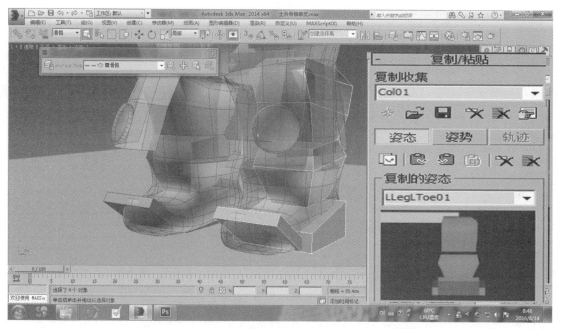

图3-3-244

步骤10：调整手指骨骼，如图3-3-245所示。

步骤11：调整好手臂和手掌骨骼后，全选手臂和手掌，如图3-3-246所示。

步骤12：使用"反向粘贴"功能，完成另一只手臂和手掌的骨骼，如图3-3-247所示。

步骤13：使用"缩放"工具，将头部的骨骼放大，其体积基本能囊括整个头部模型，如图3-3-248所示。

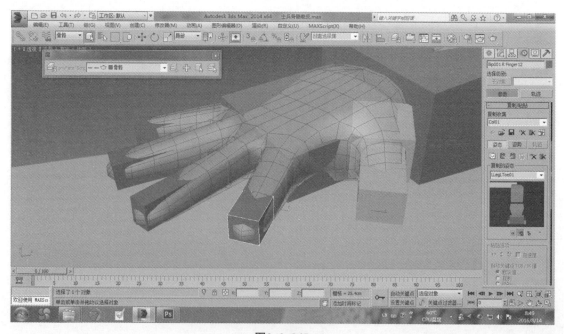

图3-3-245

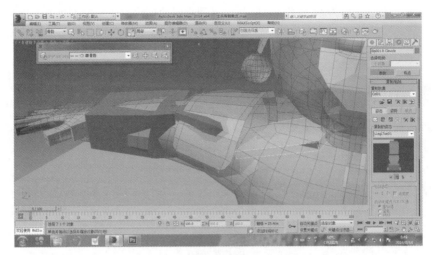

图3-3-246

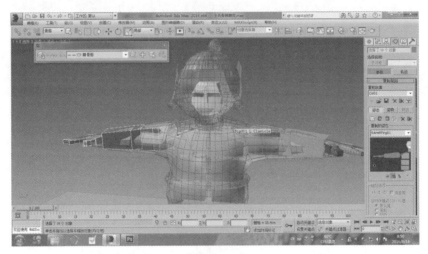

图3-3-247

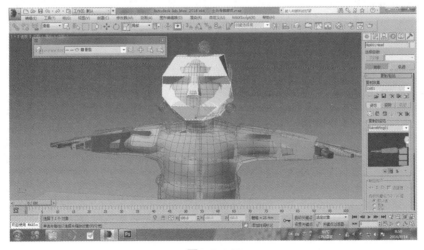

图3-3-248

步骤**14**：调节3段脊椎的体积，使骨骼造型在体积上相似于模型即可，如图3-3-249所示。

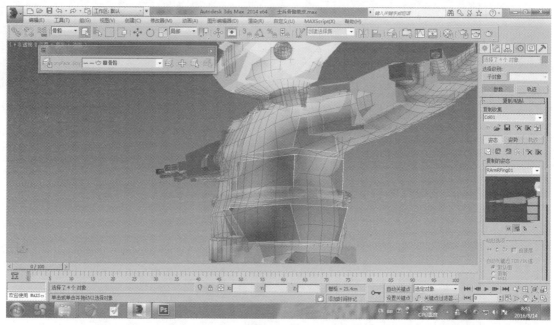

图3-3-249

步骤**15**：选中头部的骨骼并单击鼠标右键，在弹出的快捷菜单中选择"对象属性"命令，打开"对象属性"对话框，在"常规"选项中勾选"显示为外框"复选框，如图3-3-250所示。

图3-3-250

步骤16：关闭"体形模型"，如图3-3-251所示。

步骤17：显示角色模型，如图3-3-252所示。

步骤18：单击头盔模型、胸牌扣模型、腰牌模型及其对应的骨骼，如图3-3-253所示。

步骤19：将模型与骨骼独立显示，并用链接工具将模型与骨骼链接起来，如图3-3-254所示。

步骤20：将头盔模型、胸牌扣模型、腰牌模型冻结，如图3-3-255所示。

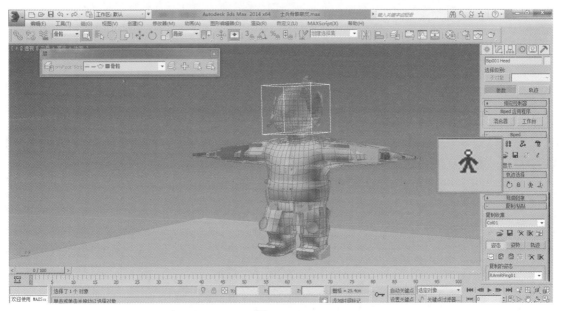

图3-3-251

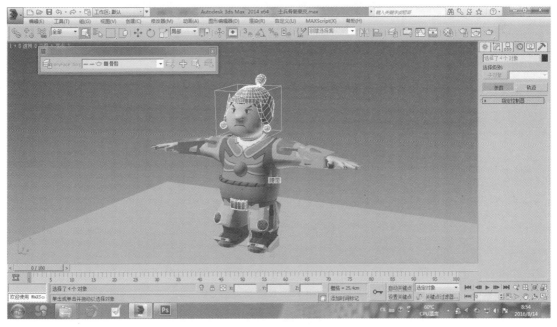

图3-3-252

图3-3-253

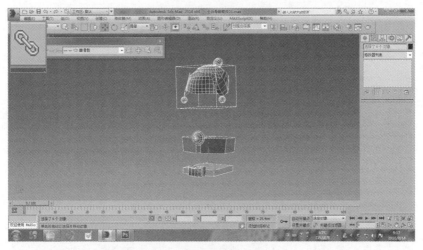

图3-3-254

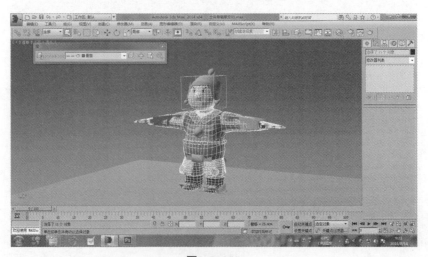

图3-3-255

步骤21：框选模型，不要选中任何骨骼，在"修改"面板中选择"蒙皮"修改器，如图3-3-256所示。

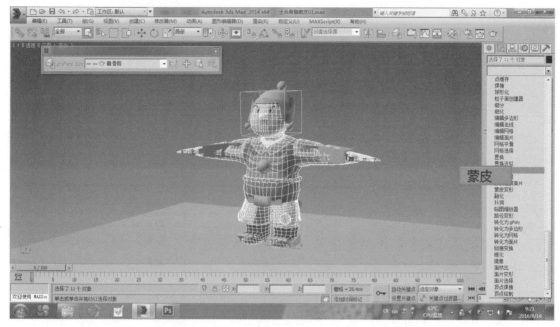

图3-3-256

步骤22：在"修改"面板中单击"添加"按钮，在打开的"选择骨骼"对话框中，将骨骼全部选中，如图3-3-257所示。

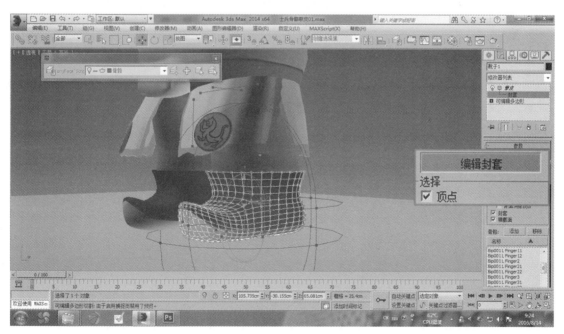

图3-3-257

步骤23：在"参数"卷展栏单击"编辑封套"按钮，勾选"顶点"复选框，如图3-3-258所示。

步骤24：调节权重，如果出现范围超过当前模型，就将这个范围圈缩小，如图3-3-259所示。

步骤25：将范围缩小后，效果如图3-3-260所示。

步骤26：对于难以调配的模型，可以用"关节角度变形器"进行调配，激活"编辑晶格"后，就可以更改黄色区域的晶格，如图3-3-261所示。

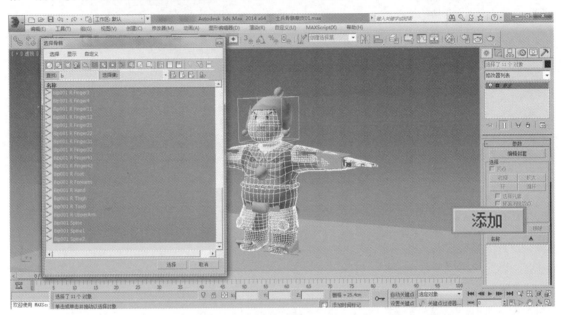

图3-3-258

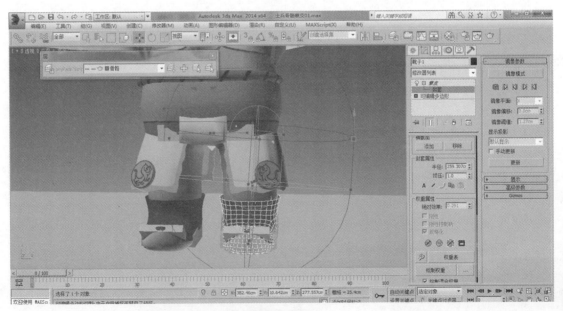

图3-3-259

图3-3-260

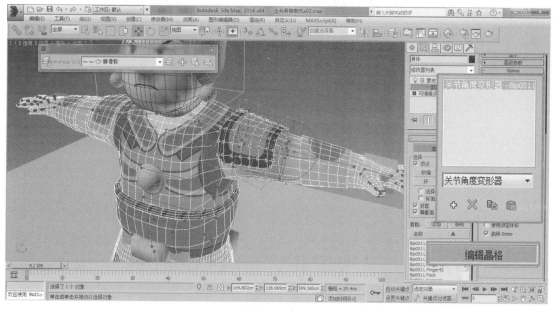

图3-3-261

步骤27： 调整完成后，将关节变动位置，发现肩膀的模型没有穿插效果，如图3-3-262 所示。

步骤28： 调整头部的影响方式，框选头部模型节点，勾选"权重属性"选项组的"刚性"复选框，如图3-3-263所示。

步骤29： 将这套骨骼独立显示，如图3-3-264所示。

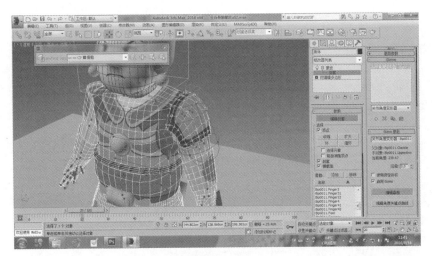

图3-3-262

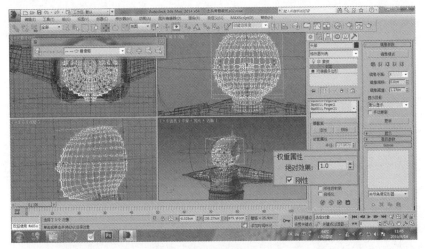

图3-3-263

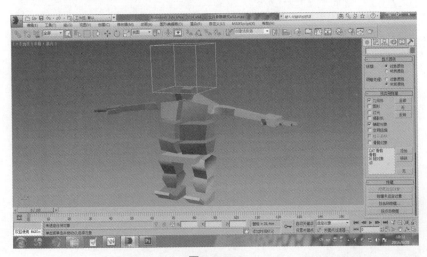

图3-3-264

步骤30：打开"对象属性"对话框，框选整套骨骼并单击鼠标右键，在弹出的快捷菜单中选择"对象属性"命令，取消勾选"渲染控制"选项组的"可渲染"复选框，如图3-3-265所示。

步骤31：按F9键进行渲染，此时，骨骼虽然显示在透视图上，但是渲染时只有模型，这样在调整动作时观看效果非常方便，如图3-3-266所示。

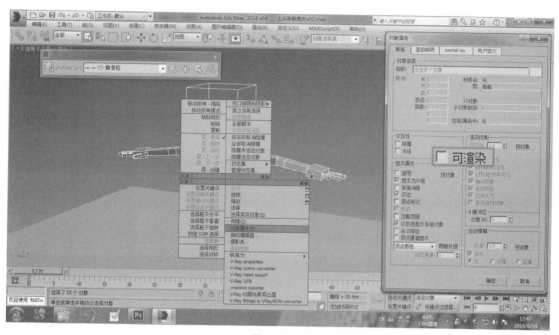

图3-3-265

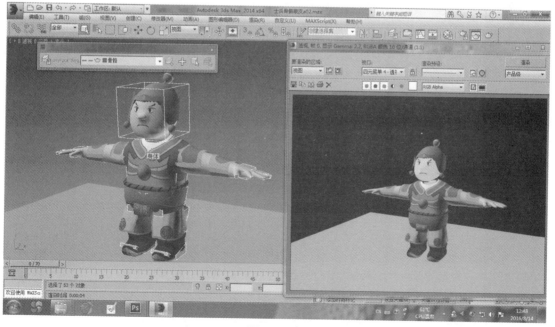

图3-3-266

　　步骤32：单击"Biped"卷展栏的"足迹模式"按钮，再单击"足迹创建"卷展栏的"行走"按钮→"创建多个足迹"按钮，打开"创建多个足迹：行走"对话框，设置"足迹数"，如图3-3-267所示。

　　步骤33：在透视图中地面上出现脚印图形，如图3-3-268所示。

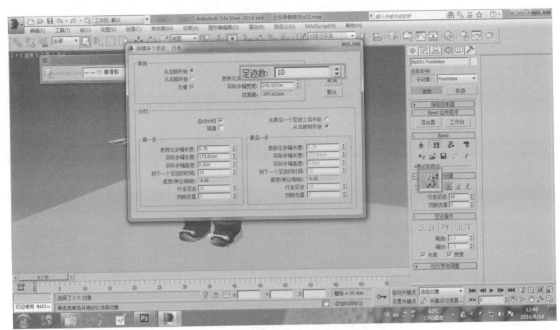

图3-3-267

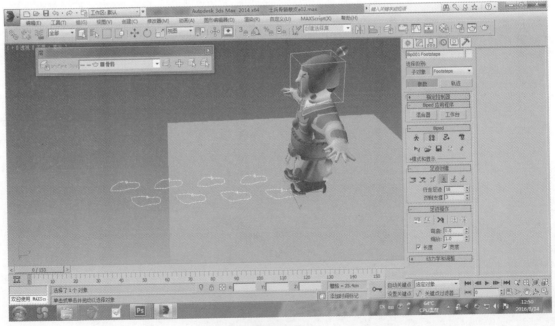

图3-3-268

步骤34：单击"为非活动足迹创建关键点"按钮，激活所有非活动足迹，如图3-3-269所示。

步骤35：单击"播放"按钮，或者按"？"键，播放观看效果，如图3-3-270所示。

步骤36：关闭"足迹模型"，整个骨骼就生成了动画帧，如图3-3-271所示。

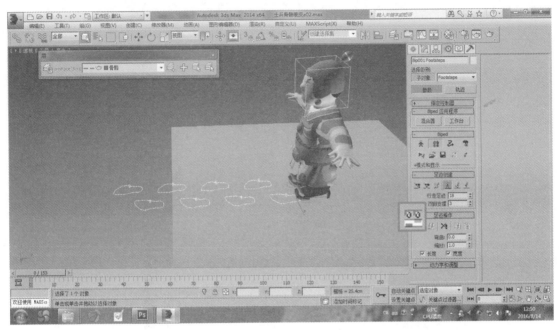

图3-3-269

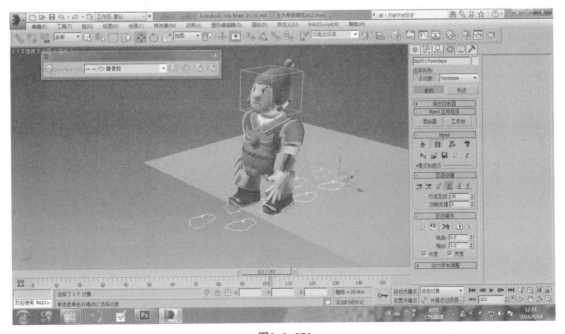

图3-3-270

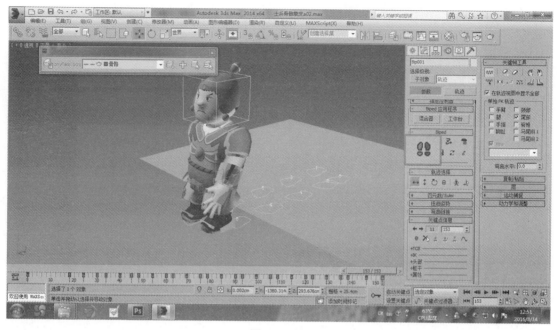

图3-3-271

8．制作角色动画

步骤1：打开题目提供的场景模型，如图3-3-272所示。

步骤2：创建一个长方体，覆盖场景，覆盖的范围就是动画所用到的模型，其他模型将不再使用，如图3-3-273所示。

步骤3：框选多余的场景模型并将其删除，如图3-3-274所示。

步骤4：现在开始在保留的场景范围内制作动画，如图3-3-275所示。

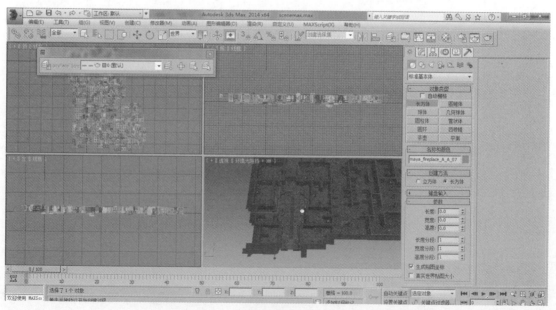

图3-3-272

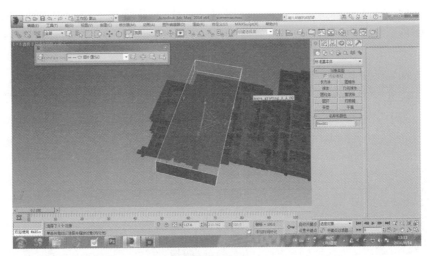

图3-3-273

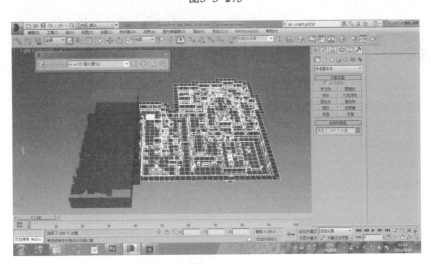

图3-3-274

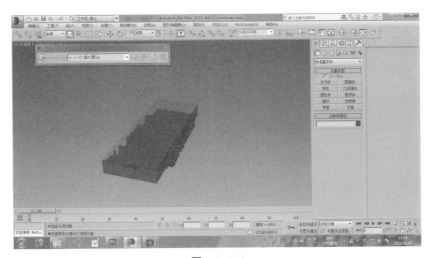

图3-3-275

步骤5：创建一个平面模型并将其放置于地面，以此表现水平面，保存文件并关闭，如图3-3-276所示。

步骤6：打开箱子模型文件，如图3-3-277所示。

步骤7：创建两个长方体并将它们叠加在一起，如图3-3-278所示。

步骤8：将这两个长方体镶嵌到箱子模型上，大概匹配位置，如图3-3-279所示。

步骤9：使用"链接"工具，将箱子模型链接到长方体模型，如图3-3-280所示。

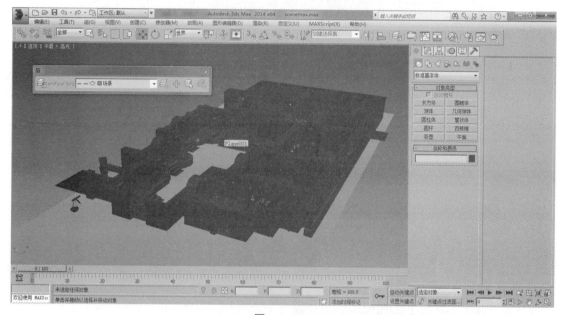

图3-3-276

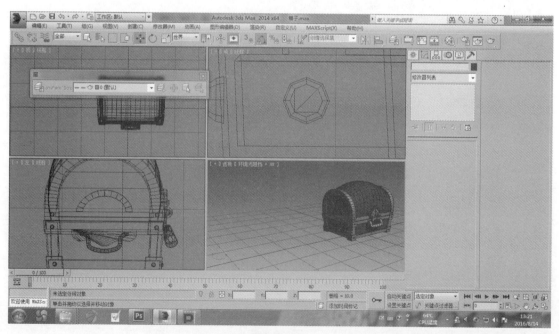

图3-3-277

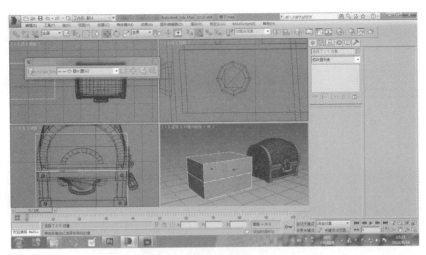

图3-3-278

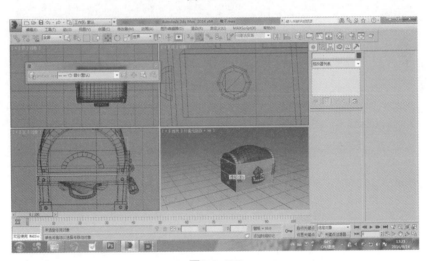

图3-3-279

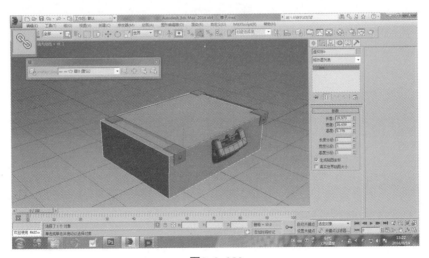

图3-3-280

步骤10：链接后的效果如图3-3-281所示。

步骤11：用旋转工具将上面的长方体进行旋转，做出打开的箱子的造型，如图3-3-282所示。

步骤12：在"对象属性"对话框中，将两个长方体的"可渲染"属性去掉，如图3-3-283所示。

步骤13：将两个长方体透明化显示，如图3-3-284所示。

步骤14：将箱子盖模型左、右分离，如图3-3-285所示。

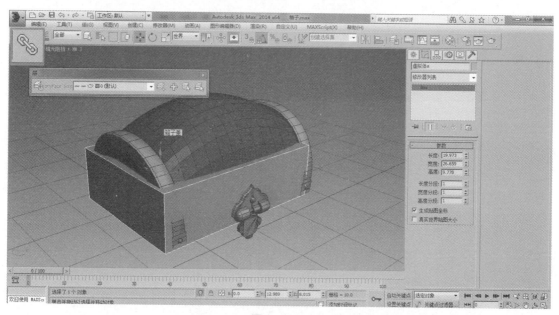

图3-3-281

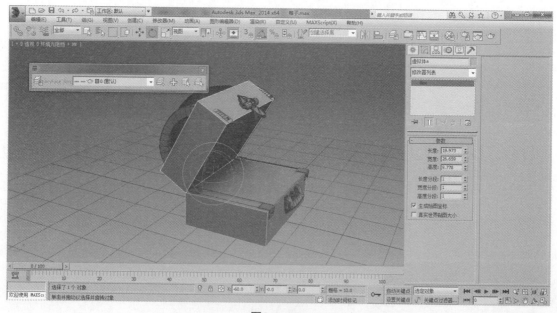

图3-3-282

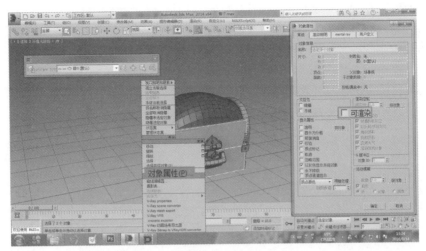

图3-3-283

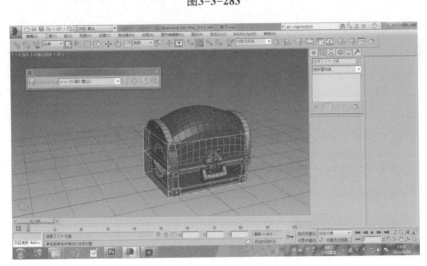

图3-3-284

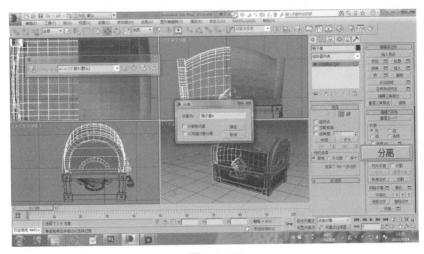

图3-3-285

步骤**15**：分离模型后，打开"层次"面板，将箱子盖模型的右半部分的中轴调整到地平线位置，如图3-3-286所示。

步骤**16**：按相同的方法调整左半部分的中轴，如图3-3-287所示。

步骤**17**：将箱子本体模型左、右分离，如图3-3-288所示。

步骤**18**：将分离的模型中轴线调整到地平线位置，如图3-3-289所示。

步骤**19**：将箱子上、下层模型分别链接到长方体层面上，如图3-3-290所示。

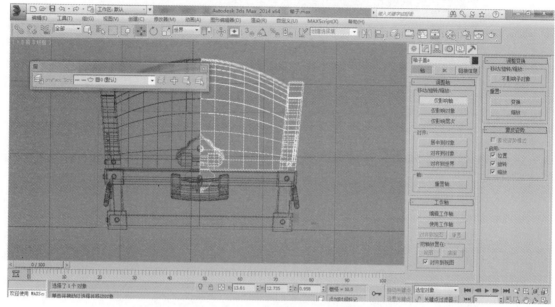

图3-3-286

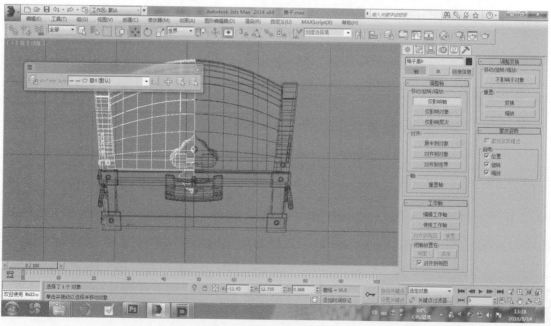

图3-3-287

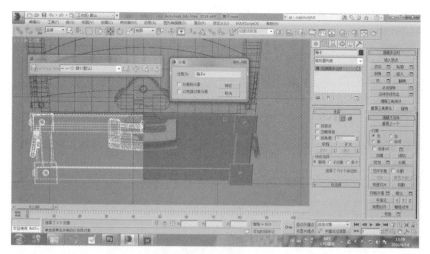

图3-3-288

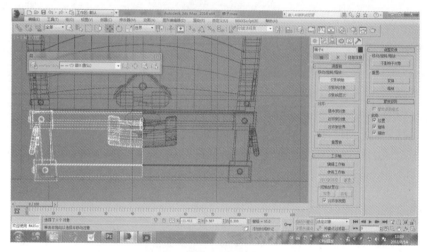

图3-3-289

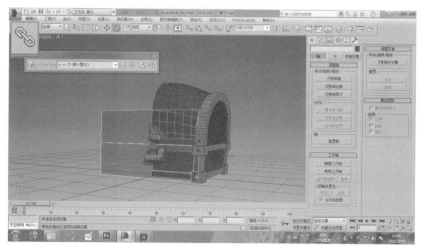

图3-3-290

步骤20：选择每一个模型，测试选择角度，如图3-3-291所示。

步骤21：创建一个新层，将所有模型添加到这个层里，然后保存模型，如图3-3-292所示。

步骤22：打开场景模型，导入箱子模型文件，如图3-3-293所示。

步骤23：导入文件的模型名字，如果当时没有，在这里可以修改模型名字，如图3-3-294所示。

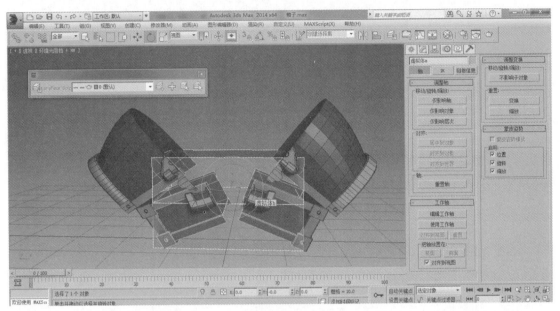

图3-3-291

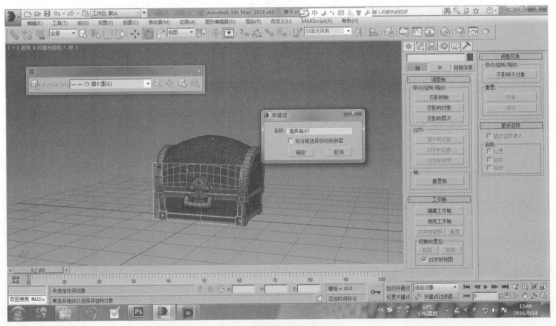

图3-3-292

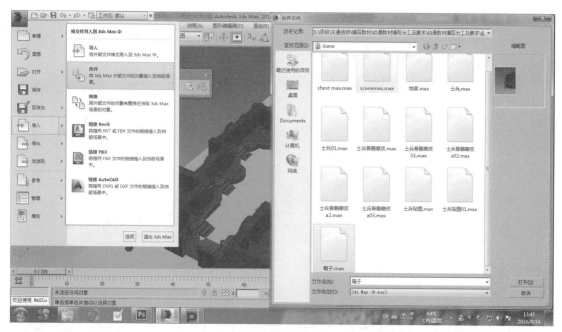

图3-3-293

图3-3-294

步骤24：将箱子模型随意摆放在场景中，如图3-3-295所示。

步骤25：将角色模型导入场景中，如果导入到场景中时有异常，也可以将场景模型导入角色模型中，如图3-3-296所示。

步骤26：选择模型文件下的所有对象，图3-3-297所示。

图3-3-295

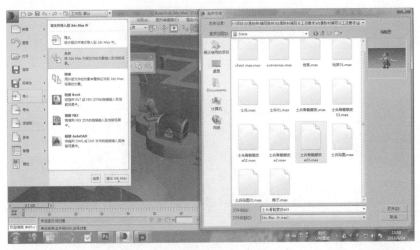

图3-3-296

图3-3-297

步骤27：将角色模型与自带的骨骼也导入场景，如图3-3-298所示。

步骤28：用链接工具，将大剑模型链接到手掌骨骼，如图3-3-299所示。

步骤29：将手指调整为抓握造型，如图3-3-300所示。

步骤30：设置帧属性，用鼠标右键单击"播放"按钮，打开"时间配置"对话框，选择"PAL"单选按钮，如图3-3-301所示。

步骤31：在制作角色动画时，确保"体形模型"已经关闭，如图3-3-302所示。

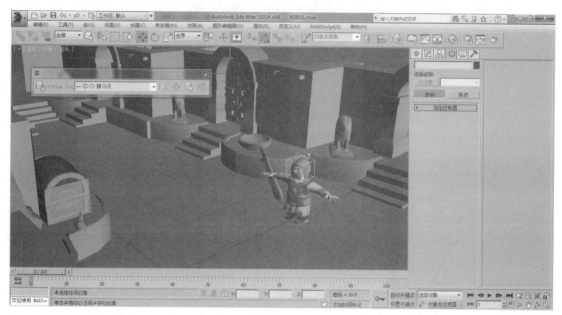

图3-3-298

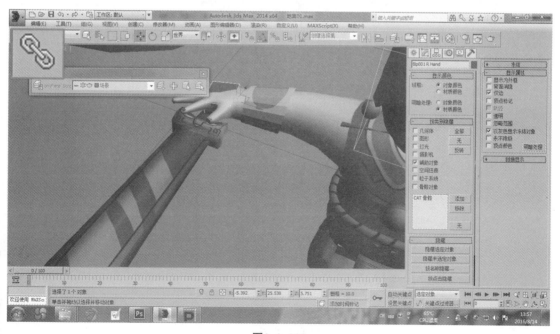

图3-3-299

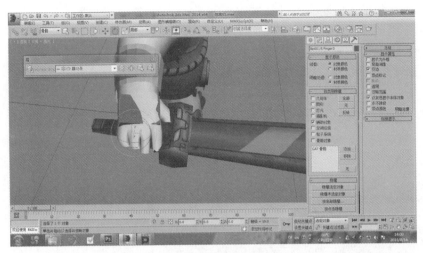

图3-3-300

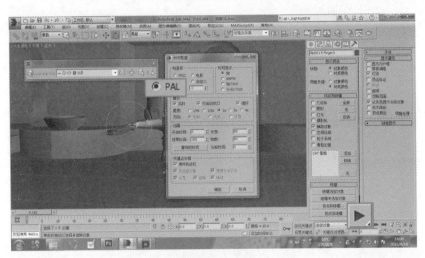

图3-3-301

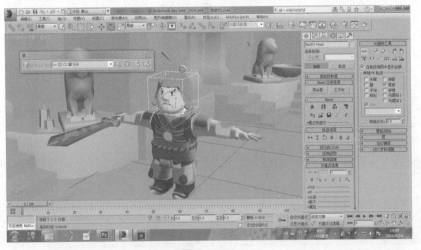

图3-3-302

步骤32：使用"足迹模式"制作走路动画，或者自己手动调整动画，如图3-3-303所示。

步骤33：手动调整行走动画，如图3-3-304所示。

步骤34：开始制作剧情动画，如图3-3-305所示。

步骤35：角色转身朝箱子看去的效果如图3-3-306所示。

步骤36：角色转身向箱子走去的效果如图3-3-307所示。

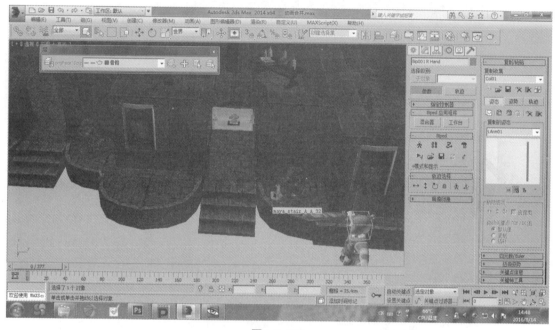

图3-3-303

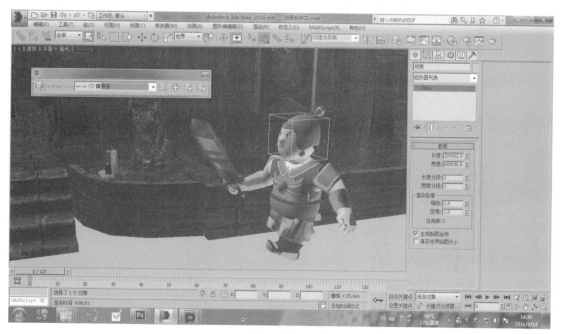

图3-3-304

图3-3-305

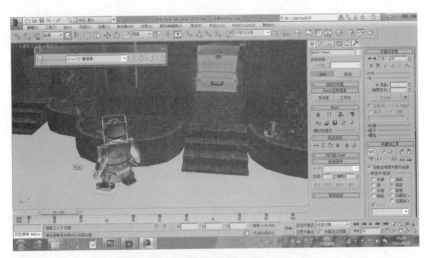

图3-3-306

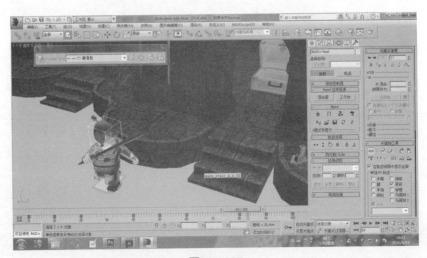

图3-3-307

步骤37：角色走上台阶，调整其他角度表现动画效果，如图3-3-308所示。

步骤38：角色手持大剑劈向箱子，在模型接触时，将箱子的4个部分分别制作出分离效果，如图3-3-309所示。

步骤39：用"旋转"工具和"移动"工具，制作出箱子破碎后的滑动效果，如图3-3-310所示。

步骤40：制作完动画后，保存文件，如图3-3-311所示。

图3-3-308

图3-3-309

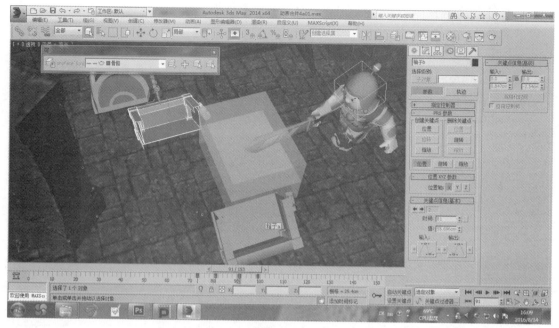

图3-3-310

图3-3-311

9. 灯光分布

步骤1：创建一个"灯光"层，准备制作灯光分部，如图3-3-312所示。

步骤2：冻结场景所有模型，在顶视图中创建一个"泛光灯"，如图3-3-313所示。

步骤3：使用移动工具，将这个泛光灯向右移动进行复制，选择"实例"方式，如图3-3-314所示。

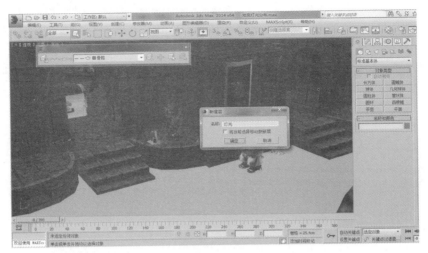

图3-3-312

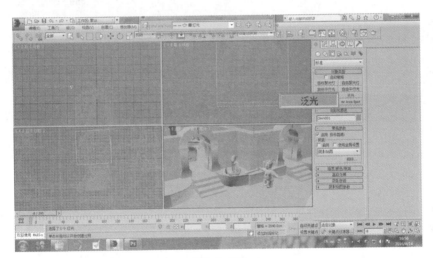

图3-3-313

图3-3-314

步骤4：用相同的方法复制出泛光灯的矩阵，如图3-3-315所示。

步骤5：在高度的轴向上也复制出3层泛光灯，如图3-3-316所示。

步骤6：完成后的泛光灯矩阵效果如图3-3-317所示。

步骤7：单击任意泛光灯，在"修改"面板中将"倍增"设置为0.02，如图3-3-318所示。

步骤8：进行环境光线照明测试，如图3-3-319所示。

图3-3-315

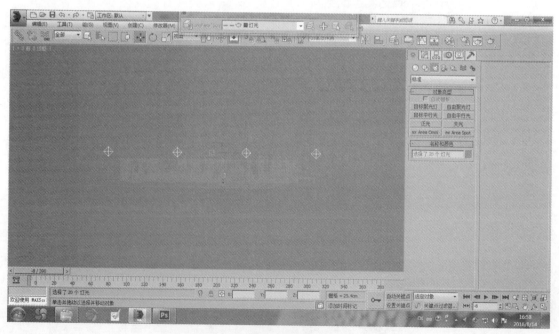

图3-3-316

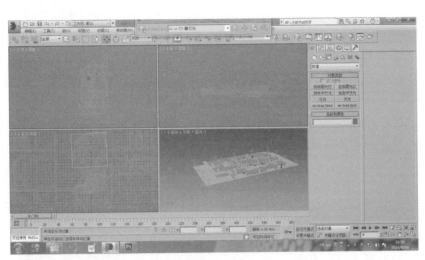

图3-3-317

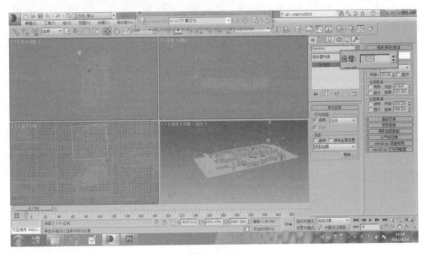

图3-3-318

图3-3-319

步骤9： 在有蜡烛的地方创建新的泛光灯，并且放置在蜡烛模型的上方，如图3-3-320所示。

步骤10： 在"修改"面板中，将"倍增"设置为1，勾选"阴影"选项组的"启用"复选框，如图3-3-321所示。

步骤11： 在有蜡烛的位置都添加一盏泛光灯，如图3-3-322所示。

步骤12： 为了烘托气氛，可以调整环境光线的颜色，如图3-3-323所示。

步骤13： 设置蜡烛灯光的颜色，如图3-3-324所示。

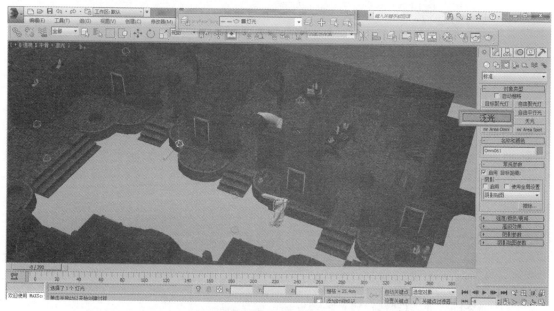

图3-3-320

图3-3-321

图3-3-322

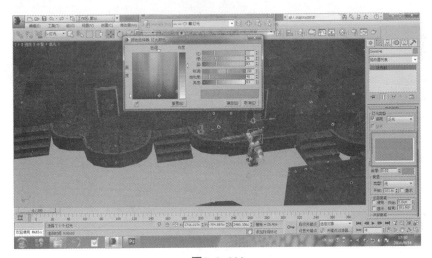

图3-3-323

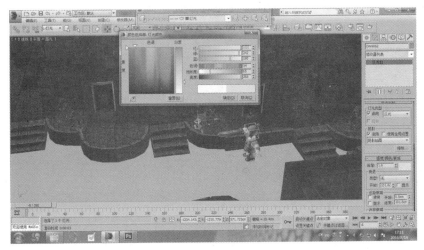

图3-3-324

步骤**14**：测试光影效果，如图3-3-325所示。

步骤**15**：为了使渲染出的影子边缘清晰，点选蜡烛灯，将"阴影贴图参数"的"大小"设置为3 000，如图3-3-326所示。

步骤**16**：再次渲染，此时整个环境的影子边缘比原来清晰，如图3-3-327所示。

步骤**17**：调整蜡烛的照明范围，勾选"远距衰减"选项组的"使用"和"显示"复选框，并调整"开始"和"结束"的值，如图3-3-328所示。

步骤**18**：再次测试，距离蜡烛远的物体照明比较暗，距离蜡烛近的物体照明比较明亮，如图3-3-329所示。

步骤**19**：在箱子旁边，创建一盏"目标聚光灯"，如图3-3-330所示。

步骤**20**：为了烘托出箱子旁边的阴森，将这个聚光灯参数的"灯光颜色"设置为绿色，如图3-3-331所示。

步骤**21**：渲染测试光线，如图3-3-332所示。

步骤**22**：框选场景中的所有灯光，如图3-3-333所示。

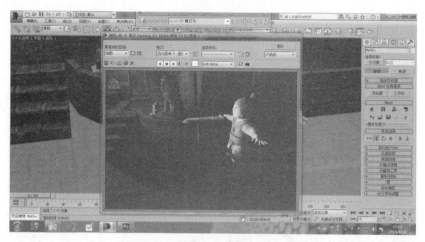

图3-3-325

图3-3-326

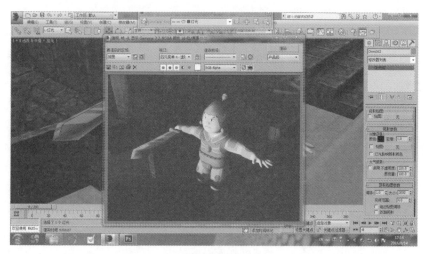

图3-3-327

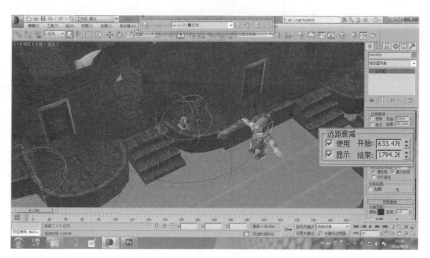

图3-3-328

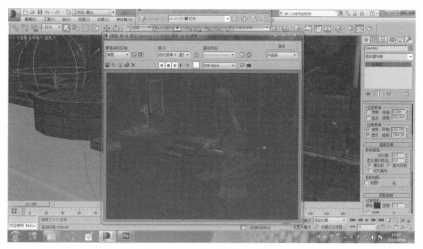

图3-3-329

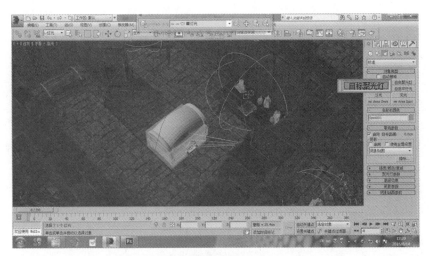

图3-3-330

图3-3-331

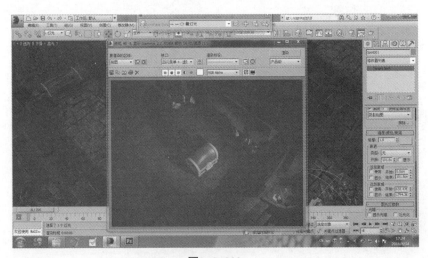

图3-3-332

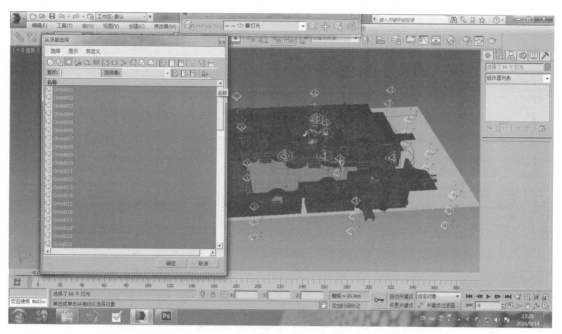

图3-3-333

步骤23：将灯光另存为一个新文件，以便于加载到其他场景，如图3-3-334所示。

步骤24：如果场景中加入灯光后，看不清模型，可以在视口文字处单击鼠标右键，在弹出的快捷菜单中选择"照明和阴影"→"用默认灯光照亮"命令，如图3-3-335所示。

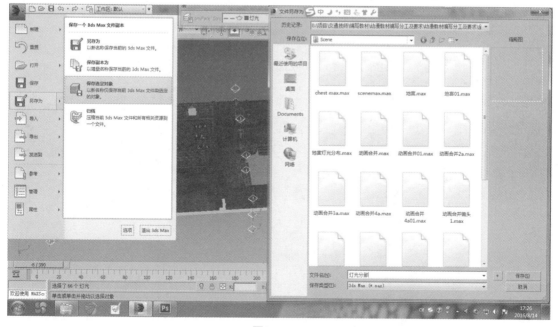

图3-3-334

图3-3-335

10．动画渲染输出

步骤1：按F10键，打开"渲染设置：默认扫描线渲染器"对话框，在"时间输出"选项组中选择"范围"单选按钮，在"输出大小"选项组中，将"宽度"设置为1 280，将"高度"设置为720，如图3-3-336所示。

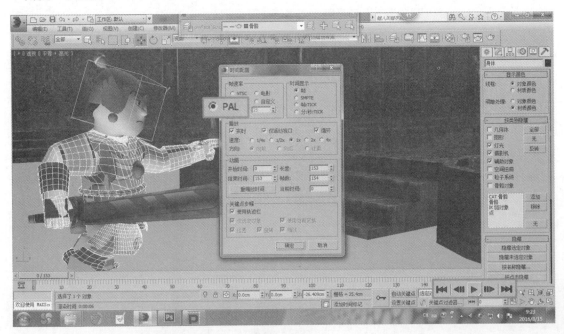

图3-3-336

步骤2：单击"渲染输出"选项组的"文件"按钮，打开"渲染输出文件"对话框，将文件保存为"Targa"格式，如图3-3-337所示。

步骤3：单击"渲染"按钮即可以开始渲染动画，在渲染动画的过程中可以随时停止，如图3-3-338所示。

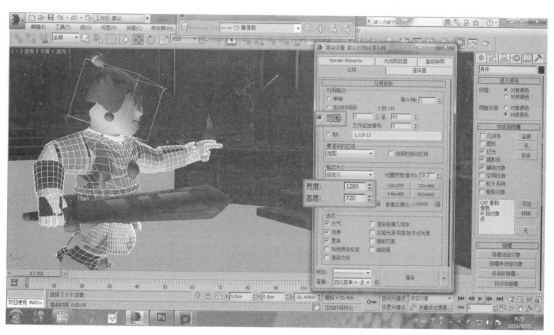

图3-3-337

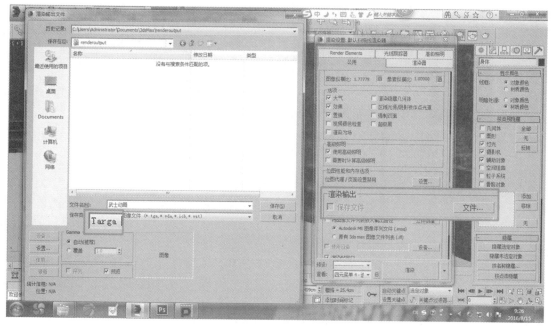

图3-3-338

　　步骤4：当动画都渲染完成后，取消勾选"渲染输出"选项组的"保存文件"复选框，如图3-3-339所示。

　　步骤5：更改为"单帧"形态，存档后就可以关闭文件，如图3-3-340所示。

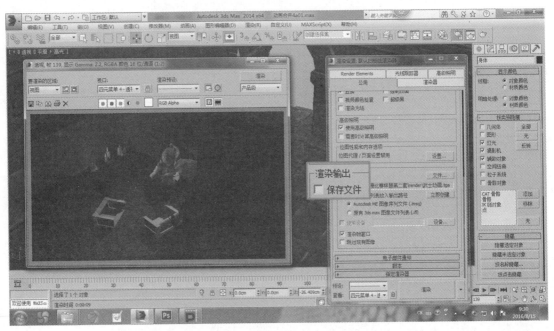

图3-3-339

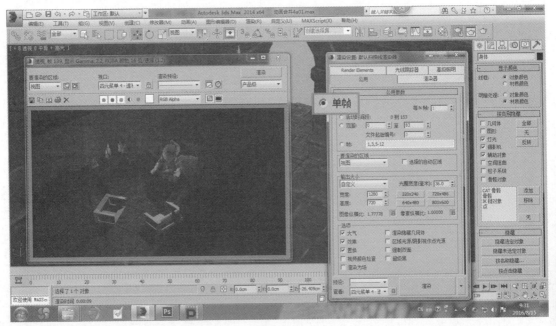

图3-3-340

　　步骤6：前期可以选择AVI格式进行渲染，AVI格式只能用于短时间的小尺寸动画实验，如图3-3-341所示。

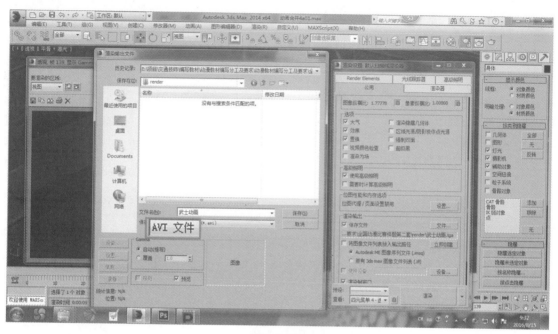

图3-3-341

参 考 文 献

[1] 达分奇工作室. 中文版3ds Max 2014从入门到精通［M］. 北京：清华大学出版社，2016.

[2] 康金兵，邵宝国，张来峰. 中文版3ds Max 动画制作课堂实录［M］. 北京：清华大学出版社，2016.

[3] 时代印象. 中文版3ds Max 2014/VRay效果图制作完全自学教程［M］. 北京：人民邮电出版社，2016.

[4] 张妍霞. 3ds Max 职业应用实训教程（9.0中文版）［M］. 北京：机械工业出版社，2013.

[5] 向华. 三维动画制作3ds Max 9案例教程［M］. 北京：电子工业出版社，2011.

[6] 邓宁. 3ds Max 三维制作实例教程［M］. 北京：电子工业出版社，2016.